Contents 目 录

钩针日制针号换算表

日制针号	钩针直径
2 / 0	2.0mm
3 / 0	2.3mm
4 / 0	2.5mm
5 / 0	3.0mm
6 / 0	3.5mm
7 / 0	4.0mm
7.5 / 0	4.5mm
8 / 0	5.0mm
10 / 0	6.0mm
0	1.75mm
2	1.50mm
4	1.25mm
6	1.00mm
8	0.90mm

儿童模特的身高尺寸

Boy 1

90cm

Girl 1

86cm

Boy 2

78cm

Girl 2

78cm

本书介绍的作品的尺寸

※尺寸80…身高75~85cm

※尺寸90…身高85~95cm

流苏镶边披肩

钩针编织的披肩，下摆处的流苏装饰增加实物的美感。
颈部和前后身片的枣形针编织是重点。
附带装饰绒球的细绳穿过颈部的枣形针间隙。

1-尺寸80　2-尺寸90

使用毛线 / 柔软羊毛线
设计 / 远藤广美

制作方法　P34

Boy 鞋子 /PEEP（ZOOM
Girl 连衣裙 /Zuccaa 短靴 /KF

爱尔兰阿伦风格贝雷帽和围巾

爱尔兰阿伦风格的贝雷帽和围巾给人一种传统怀旧的感觉。

附上用仿制皮草系列毛线做成的绒球。

造型时尚，很受追捧。

Boy 裤子、鞋子 /Zuccaa

3~6 尺寸80、90

使用毛线 / 柔软羊毛线、仿制皮草系列毛线
设计 / 冈本启子
制作 / 宫本真由美

制作方法　**P40**

连帽马甲

系扣式长针编织的马甲前身片部分编织不同花样，是一亮点。
戴帽子的造型也很可爱。

Girl 短裤、靴子 / KP

7-尺寸80　8-尺寸90

使用毛线 / 柔软羊毛线
设计 / 水原多佳子
制作 / 辻仁美

制作方法　P42

8

混色编织帽、手套及披肩

这款帽子和手套采用 4 种颜色混搭编织，时尚可爱。
配色协调有品位。
手套附有绒球突出亮点。
帽子和手套编织成套，浑然一体，非常漂亮。

9~12—尺寸80、90

使用毛线 / 柔软羊毛线
设计 / 水原多佳子

制作方法　**P48**

此款披肩扣子少易穿戴，适合在寒冷天气中迅速穿戴保暖。
和 P8 中介绍的帽子以及手套是配套的。
仅需直线编织，做法简单，令人喜爱。

Boy 裤子 / Zuccaa 圆号 /AWABEES

13、14-尺寸80、90

使用毛线 / 柔软羊毛线
设计 / 水原多佳子
制作方法　P50

翻领马甲

大圆领的时尚马甲以长针编织和花样编织为基础，
又加上规则的枣形针编织花样。
前开系扣式设计，方便穿着。

Girl 针织衫、裤子 /KP

15-尺寸80　16-尺寸90

使用毛线 / 柔软羊毛线
设计 / 冈鞠子
制作 / 渡边美保子

制作方法　P52

Boy 针织衫 /KPBOY 裤子 / Zuccaa

海军风护耳帽和围脖

这款帽子采用钩针编织，护耳部位用扣子固定，时尚，让人耳目一新。

另外，采用绒球装饰，看起来更加可爱。

同一系列的围脖上搭配与护耳用扣同款的扣子，引人注目。

使用毛线 / 柔软羊毛线
设计 / 武田敦子
制作 /17、18：吉田关子
　　　 19、20：浅野久美子

制作方法　P57

21

Girl 连衣裙 /KP 鞋子 /Zuccaa

连帽披肩

寒冷天气可以给孩子穿上这款前身系扣式、蓬蓬的披肩。
灵活运用爱尔兰阿伦风格设计，外出必备物品。
风帽部分搭配了仿制皮草系列毛线。

21–尺寸90　22–尺寸80

使用毛线 / 柔软羊毛线、仿制皮草系列毛线
设计 / 河合真弓
制作 / 远藤阳子

制作方法　P37

亲子马甲

漂亮的蓝白条纹马甲正好是当下流行的冬日海军风格。
其中，儿童尺寸的马甲的胸口处刺绣了一个鲸鱼造型。

23-尺寸90（也有尺寸80的编织图）
24-母亲（尺寸M）

使用毛线 / 柔软羊毛线
设计 / 今井昌子
制作 / 今井美香

制作方法　23：P60

　　　　　24：P62

Girl 半身裙 / Trois lapins
鞋子 /PEEP(ZOOM)

25

Girl 针织衫、裤子、短靴 /KP

钩织镂空针织衫

此款针织衫采用婴儿粉色调，惹人怜爱。不但可以出席
正式活动，也可以搭配裤子作为平时的装束，同样可爱。

25-尺寸 90 （也有尺寸80的编织图）

使用毛线 / 柔软羊毛线
设计 / 文野雪

制作方法　**P64**

母亲和女儿的发圈

仿制皮草系列毛线编织的发圈，操作简单，并且时尚漂亮。
母亲可以和孩子一起佩戴。

使用毛线 / 仿制皮草系列毛线
设计 / 前芽由美子

制作方法 P63

28　　　　　29

毛绒套脖披肩

此款蓬蓬的套脖披肩适合搭配华丽盛装。
通常和西式服装搭配，简简单单就能突显出华丽的气质。

28、29-尺寸80、90

使用毛线 / 仿制皮草系列毛线
设计 / 前芽由美子

制作方法　P66

Girl 连衣裙 /KP

附带针织花的发带

钩针编织的发带，选用了淡雅的自然色系毛线。
发带两边设计了锯齿状凸起，还附上了一朵大大的针织花。

30、31–尺寸80、90

使用毛线 / 柔软羊毛线
设计 / 镰田惠美子

制作方法　P67

Girl 针织衫、裤子 / KP

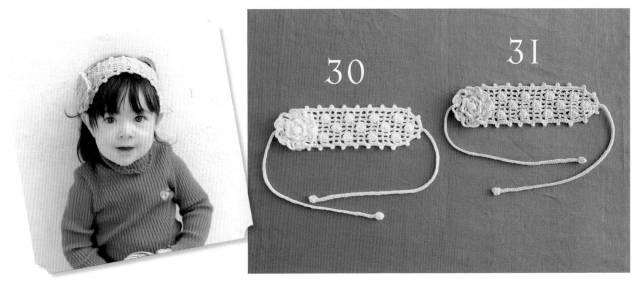

30

31

护耳儿童帽

爱尔兰阿伦风格帽子，配上毛茸茸的球球，增添了华丽感。
护耳设计，不但让人感觉时尚，而且还可以保护耳朵不受大风
的袭击哦。

32、33–尺寸80、90

使用毛线 / 柔软羊毛线、仿制皮草系列毛线
设计 / 新居系乃

制作方法　P68

帆船图案马甲

帆船图案的马甲，不但可以作为平时的装束，正式场合也适用。
此款马甲穿着方便，是秋日里抵御风寒的珍宝级衣物。

34-尺寸80（也有尺寸90的编织图）

使用毛线 / 柔软羊毛线
设计 / 远藤广美

制作方法　P70

儿童羊毛衫和母亲的套脖围巾

自然色系的儿童羊毛衫和母亲的套脖围巾均采用锯齿状边缘设计。
一起来体验亲子之间自然搭配的乐趣吧。

Boy 裤子 / Zuccaa
鞋子 /PEEP(ZOOM)

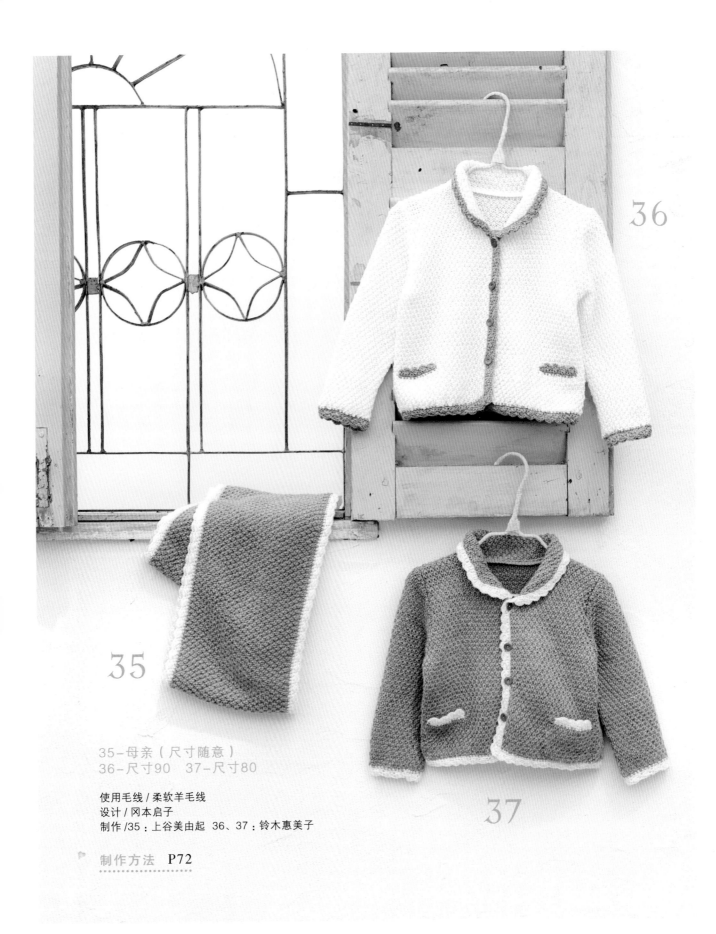

36

35

37

35-母亲（尺寸随意）
36-尺寸90　37-尺寸80

使用毛线 / 柔软羊毛线
设计 / 冈本启子
制作 /35：上谷美由起　36、37：铃木惠美子

制作方法　**P72**
....

附带风帽的围脖和护腿

爱尔兰阿伦风格的围脖和护腿选用淡雅颜色毛线，透着柔软和温暖。
此款最宜上下成套编织。

Boy 针织衫 / Zuccaa 裤子 /PEEP(ZOOM)

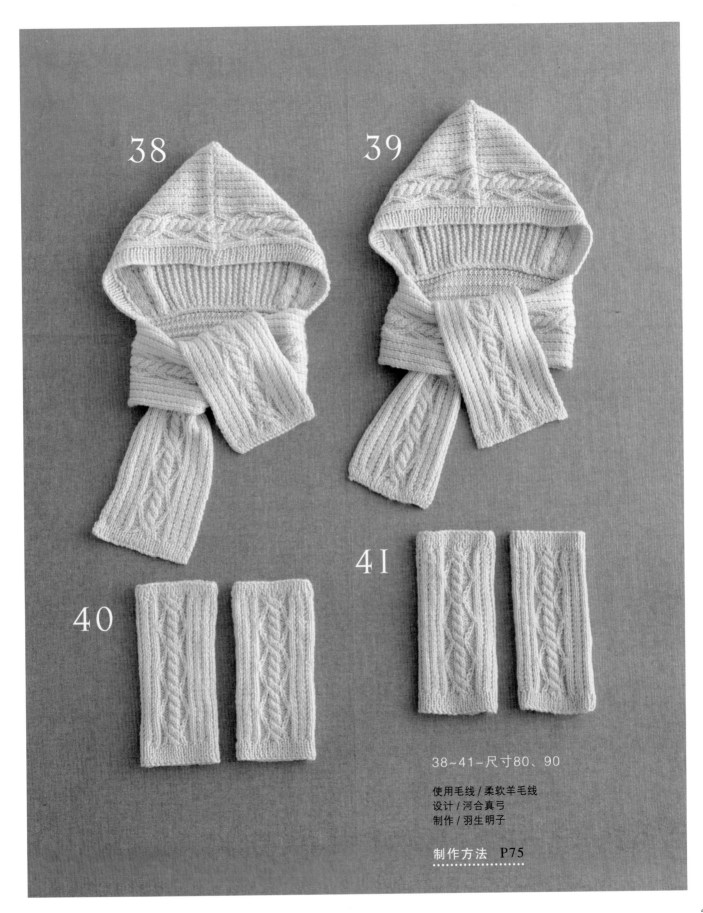

38

39

41

40

38~41一尺寸80、90

使用毛线 / 柔软羊毛线
设计 / 河合真弓
制作 / 羽生明子

制作方法　P75

27

雪花图案斜挎包

在四方形斜挎包上绣上雪花图案，可爱的斜挎包就做成了。
斜挎包的包口处编织不同花样，突出特色。

使用毛线 / 柔软羊毛线
设计 / 冈鞠子

制作方法　**P74**

小熊斜挎包

此款钩编斜挎包整体上是小熊的圆圆的脸。
给粉红色的小熊戴上一个蝴蝶结，愈发时尚可爱。
带上喜欢的东西，一起出门吧。

44

45

使用毛线 / 柔软羊毛线
设计 /Sachiyo Fukao

制作方法　P78

圆点毛毯和心形靠垫

Boy 裤子 /Zuccaa　鞋子 /PEEP(ZOOM)

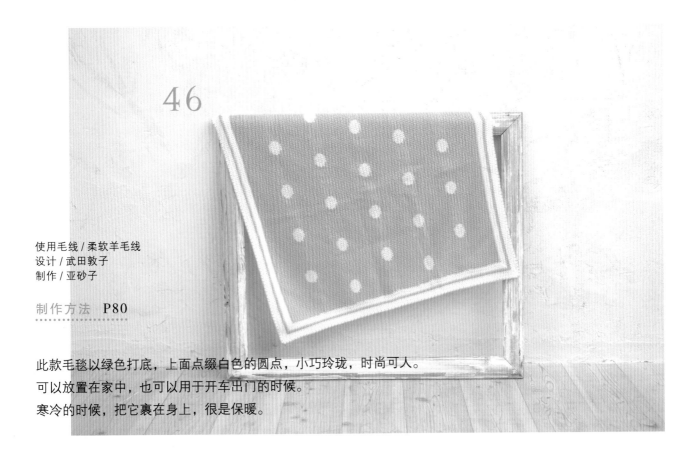

46

使用毛线 / 柔软羊毛线
设计 / 武田敦子
制作 / 亚砂子

制作方法　P80

此款毛毯以绿色打底，上面点缀白色的圆点，小巧玲珑，时尚可人。

可以放置在家中，也可以用于开车出门的时候。

寒冷的时候，把它裹在身上，很是保暖。

使用毛线 / 柔软羊毛线
设计 /Sachiyo Fukao

制作方法　P81

47

48

49

编织了 3 个富含圣诞色的心形靠垫。

尺寸适中，孩子拿起来很方便。

作为孩子的玩具也是个不错的选择。

儿童条纹护腿长裤

底部编织 5 道横纹，成为条纹长裤的特点。

此款长裤保暖、时尚，也可采用多种颜色来编织。

Girl 针织衫 / KP　无袖连衣裙 /Zuccaa　旗子 /AWABEES

50-尺寸 80　51-尺寸 90

使用毛线 / 柔软羊毛线
设计 / 镰田惠美子
制作 / 小林知子

制作方法 **P82**

写在编织前

● 制作图的阅读方法

两种尺寸介绍

上行=尺寸80
下行=尺寸90
只介绍一种的即为两种尺寸通用

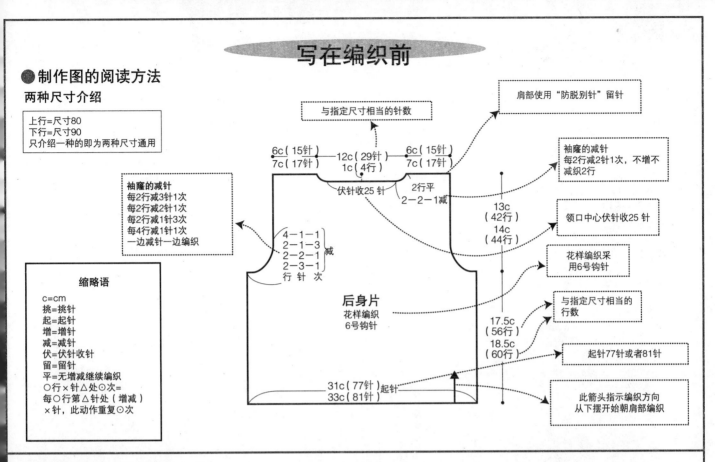

与指定尺寸相当的针数

肩部使用"防脱别针"留针

6c（15针）   12c（29针）   6c（15针）
7c（17针）   1c（4行）   7c（17针）

袖隆的减针
每2行减2针1次，不增不减织2行

袖隆的减针
每2行减3针1次
每2行减2针1次
每2行减1针3次
每4行减1针1次
一边减针一边编织

伏针收25针

2行平
2－2－1减

13c（42行）
14c（44行）

领口中心伏针收25针

4－1－1
2－1－3   减
2－2－1
2－3－1
行 针 次

花样编织采用6号钩针

后身片
花样编织
6号钩针

17.5c（56行）
18.5c（60行）

与指定尺寸相当的行数

起针77针或者81针

31c（77针）起针
33c（81针）

此箭头指示编织方向从下摆开始朝肩部编织

缩略语

c=cm
挑=挑针
起=起针
增=增针
减=减针
伏=伏针收针
留=留针
平=无增减继续编织
○行×针△处=
每○行第△处（增减）
×针，此动作重复○次

● 往返编织与环形编织

钩针往返编织

每行都交替编织，交替面对编织物的外侧和内侧进行编织的方法。

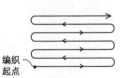

每行交替，边观察着外侧和内侧，边按照箭头方向编织。（箭头指向左的时候，要看外侧，箭头指向右的时候，要看内侧。）

编织起点

钩针环形编织

通常就是看着编织物的外侧，每圈都向着同一个方向进行编织的方法。

● 从中间开始编织

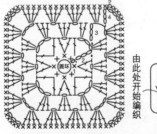

由此处开始编织

先用毛线进行环形起针，然后从中心向外编织。只要没有特殊说明，就是一边看着外侧一边逆时针进行编织。

● 筒状编织

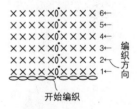

编织方向

开始编织

锁针起针，每织完一行，从这一行的开头处使用引拔针接成环形。

棒针往返编织

两根棒针从一边向另一边，交替面对外侧和内侧一行一行地进行编织。

编织图

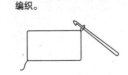

箭头表示每行都方向相反。

※钩针编织中也称为两面编织。

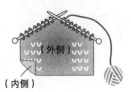

（外侧）

（内侧）

棒针环形编织

将针目均分到4根棒针中的3根上，一边看着编织物的外侧，一边第4根棒针编织成筒状。环形针也可这样编织。

编织图

箭头表示每行方向都相同。

※钩针编织中也称为单面编织。

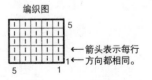

（内侧）

（外侧）

1、2

插图 第2页

流苏镶边披肩

◎材料

自然色 柔软羊毛线（粗线系列）

1 尺寸80：灰色（11）160g

2 尺寸90：橙色（26）210g

◎工具

6/0号钩针

◎成品尺寸

1 尺寸80：身长31.5cm，裙摆107cm

2 尺寸90：身长37cm，裙摆114cm

◎标准织片（边长10cm的正方形）

编织花样A和B：21针，14.5行

◎编织要点

用1根线进行编织。

★前身片和后身片均锁针起针，然后使用引拔针织成环形，前后身片按照编织花样A和B编织。编织花样B参照图示中间减针。

★领口编织成编织花样A。

★编织毛线细绳，参见图中细绳穿出的位置，从领口处穿出。

★制作2个绒球，缝合到细绳末端。

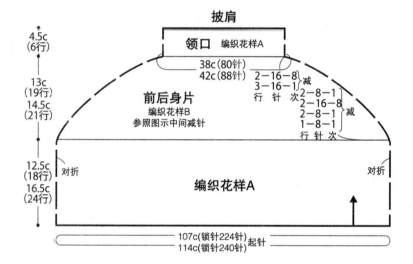

披肩

领口 编织花样A

4.5c（6行）

38c（80针）

42c（88针）

前后身片
编织花样B
参照图示中间减针

13c（19行）

14.5c（21行）

				减
2	-	16	-	8
3	-	16	-	1
行	针			次
2	-	8	-	1
2	-	16	-	8
2	-	8	-	1
1	-	8	-	1
行	针			次

减

12.5c（18行）

16.5c（24行）

对折

编织花样A

对折

107c（锁针224针）起针

114c（锁针240针）

```
上行=尺寸80
下行=尺寸90
只介绍一种的即为两种尺寸通用
```

绒球

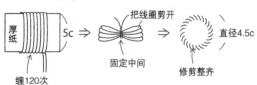

厚纸 5c → 把线圈剪开 固定中间 → 修剪整齐 直径4.5c

缠120次

完成图

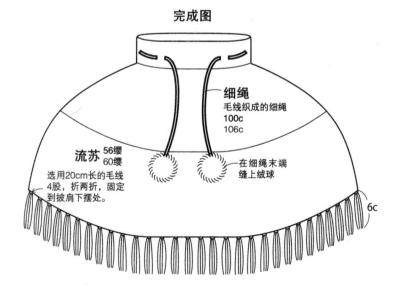

细绳
毛线织成的细绳
100c
106c

流苏 56缕
60缕

选用20cm长的毛线4股，折两折，固定到披肩下摆处。

在细绳末端缝上绒球

6c

尺寸80 披肩的编织图

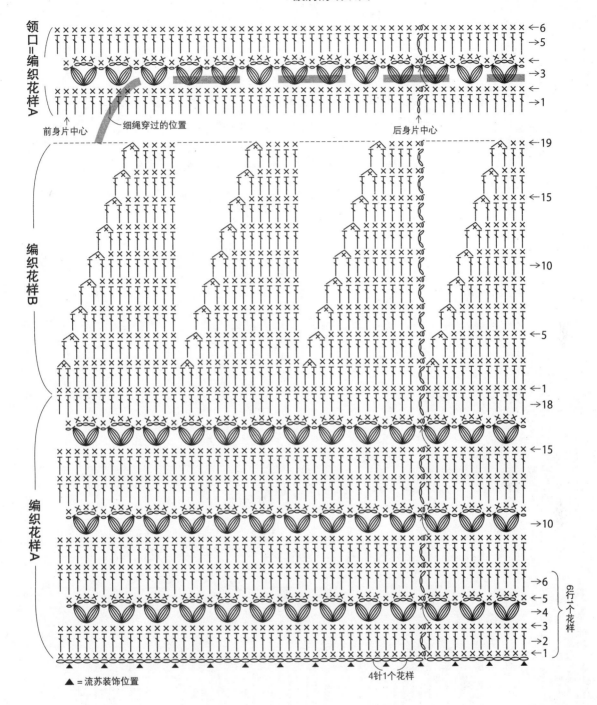

领口=编织花样A

前身片中心　细绳穿过的位置　后身片中心

编织花样B

编织花样A

←19
←15
→10
←5
←1
→18
←15
→10
→6
→5
→4
→3
→2
←1

6行1个花样

▲=流苏装饰位置　　　　4针1个花样

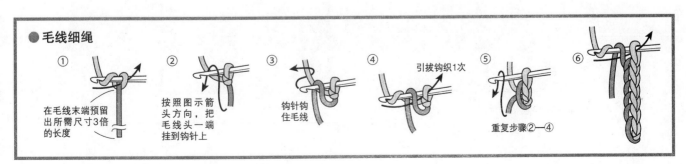

● 毛线细绳

① 在毛线末端预留出所需尺寸3倍的长度

② 按照图示箭头方向，把毛线头一端挂到钩针上

③ 钩针钩住毛线

④ 引拔钩织1次

⑤ 重复步骤②—④

⑥

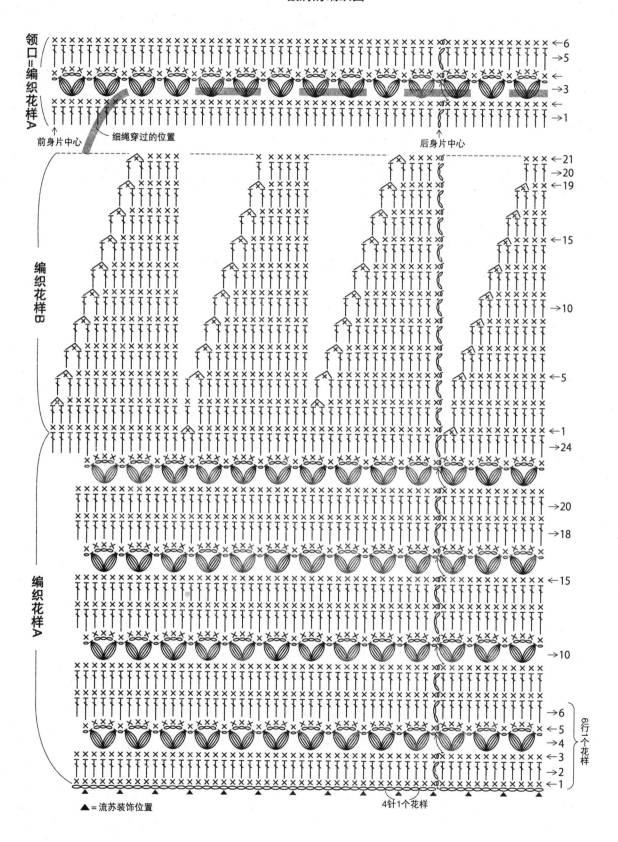

领口=编织花样A

前身片中心 · 细绳穿过的位置 · 后身片中心

编织花样B

编织花样A

6行1个花样

▲=流苏装饰位置 · 4针1个花样

21、22

连帽披肩

◎材料

自然色　柔软羊毛线（粗线系列）

21 尺寸90：浅橙色（16）110g

22 尺寸80：深茶色（24）100g

自然色　仿制皮草系列毛线（最粗毛线系列）

21 尺寸90：驼色（3）8m

22 尺寸80：茶色（4）8m

◎工具

2根5号棒针　10/0号钩针

◎附属物品

直径2cm的扣子各3个

◎成品尺寸

21 尺寸90：身长26.5cm，下摆109.5cm

22 尺寸80：身长24.5cm，下摆105.5cm

◎标准织片（边长10cm的正方形）

棒针编织：22.5针，30行

◎编织要点

用1根线进行编织。

★前后身片用一般起针方法起针，配合花样编织进行上下针编织。

★前襟处用双罗纹编织织出扣眼，并用双罗纹编织收针。

★风帽前后身片进行上下针编织。风帽接头处上下针订缝，风帽四周进行短针编织。

★缝上扣子。

配色	21	22
A色	浅橙色	深茶色
B色	驼色	茶色

上行=尺寸80
下行=尺寸90
只介绍一种的即为两种尺寸通用

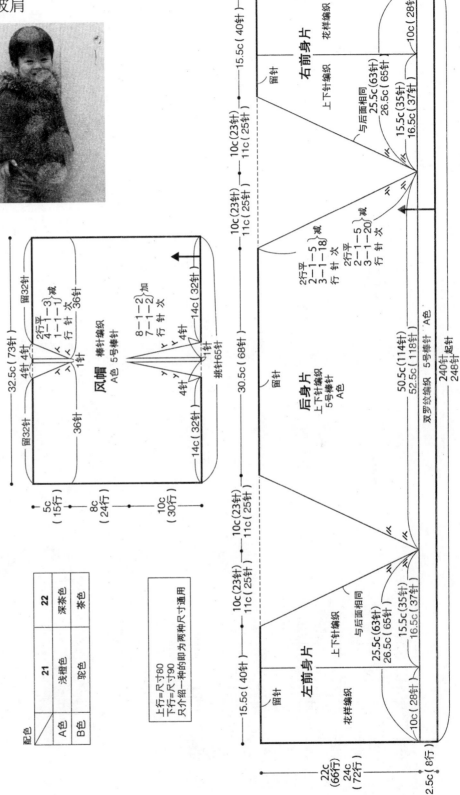

37

风帽编织图

□ = Ⅰ 下针记号省略

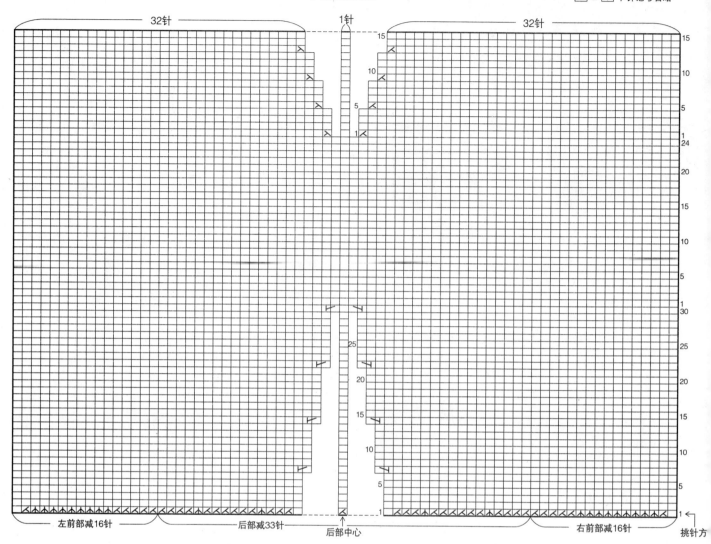

32针　　　　　1针　　　　　32针

左前部减16针　　　后部减33针　　后部中心　　右前部减16针　　挑针方

前后身片的编织图

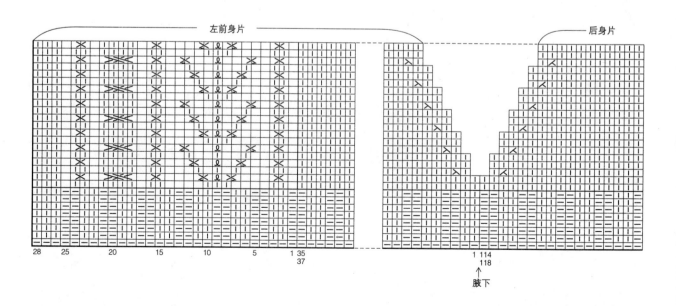

左前身片　　　　　　　　　　后身片

腋下

38

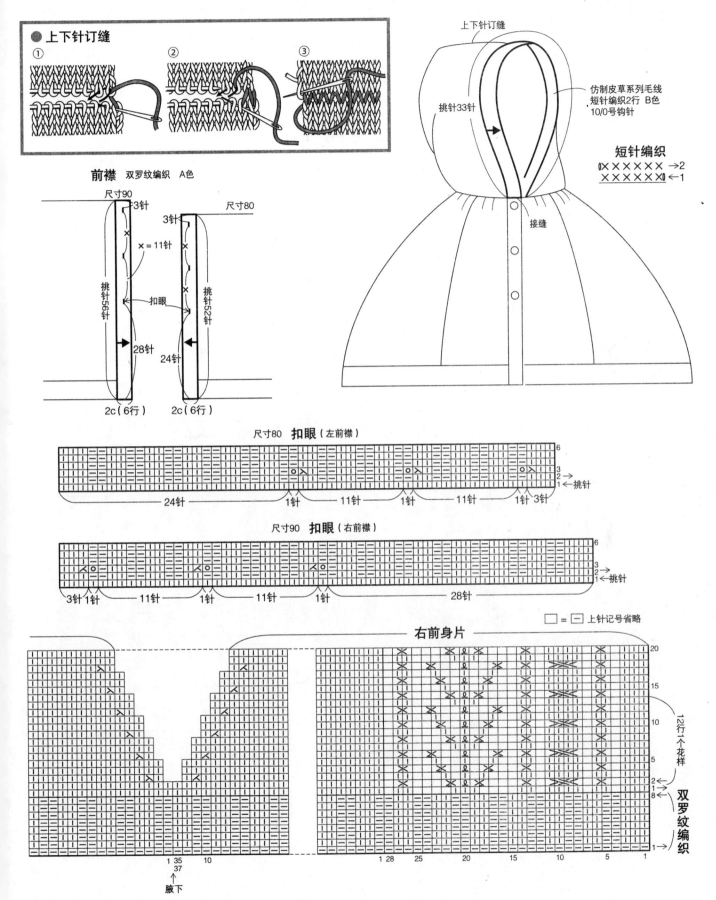

● 上下针订缝

① ② ③

前襟 双罗纹编织 A色

尺寸90
3针
× = 11针
挑针56针
扣眼
28针
2c（6行）

尺寸80
3针
挑针52针
24针
2c（6行）

上下针订缝

挑针33针

仿制皮草系列毛线
短针编织2行 B色
10/0号钩针

接缝

短针编织

⓪×××××× →2
×××××⓪ ←1

尺寸80 扣眼（左前襟）
6
3→
2→挑针
1←
24针 1针 11针 1针 11针 1针 3针

尺寸90 扣眼（右前襟）
6
3→
2
1←挑针
3针 1针 11针 1针 11针 1针 28针

□ = ⊟ 上针记号省略

右前身片

20
15
10
5
2
1
8

12行1个花样

双罗纹编织

1 35 10
37
腋下

1 28 25 20 15 10 5 1

插图 第4页

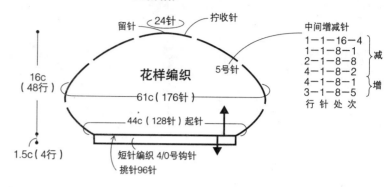

贝雷帽　A色

留针 ─ 24针 ── 拧收针

花样编织

中间增减针
1－1－16－4 ⎫
1－1－8－1 ⎬ 减
2－1－8－8 ⎭
4－1－8－2 ⎫
4－1－8－1 ⎬ 增
3－1－8－5 ⎭
行 针 处 次

16c（48行）

5号针

61c（176针）

44c（128针）起针

1.5c（4行）

短针编织 4/0号钩针
挑针96针

配色	3	4
A色	本白色	黑色
B色	浅茶色	驼色

短针编织

7c

B色
缝合绒球

17.5c

44c

3~6

爱尔兰阿伦风格贝雷帽和围巾

◎材料

自然色　柔软羊毛线（粗线系列）

贝雷帽

3：本白色（2）35g

4：黑色（15）35g

围巾

5：本白色（2）36g

6：黑色（15）36g

自然色　仿制皮草系列毛线（最粗毛线系列）

贝雷帽

3：浅茶色（2）2m

4：驼色（3）2m

围巾

5：浅茶色（2）4m

6：驼色（3）4m

◎工具

4根5号棒针　2根8mm棒针

4/0号钩针

◎成品尺寸

贝雷帽：头围44cm，帽兜深17.5cm

围巾：宽10cm，长100cm

◎标准织片（边长10cm的正方形）

贝雷帽 花样编织：29针，30.5行

围巾 花样编织：32针，26.5行

贝雷帽的编织图　编织花样以及中间的增减针

□ ＝ □ 上针记号省略

Ｑ ＝ 扭加针

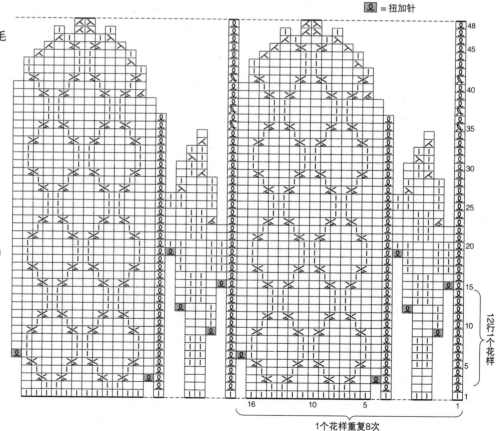

1个花样重复8次

12行1个花样

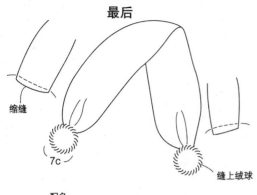

最后

缩缝

7c

缝上绒球

配色	5	6
A色	本白色	黑色
B色	浅茶色	驼色

编织绒球

B色　8mm棒针

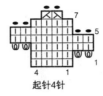

7

5

4　　1　　1

起针4针

挑针接缝，然后让内侧朝外

◎编织要点

用1根线进行编织。

贝雷帽

★用普通方法起针，从帽口开始编织花样。参见编织图，一边增减针一边编织。24针留针采用拧收针。

★短针编织。从帽口开始挑针编织成环形。

★制作绒球，缝到帽子顶部。

围巾

★采用普通起针方法起针，按照花样编织，不增减针，直到全部织完。

★围巾两端缩缝。

★制作两个绒球，固定在围巾两端。

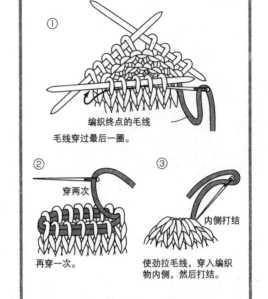

●拧收针

① 编织终点的毛线
毛线穿过最后一圈。

② 穿两次
再穿一次。

③ 内侧打结
使劲拉毛线，穿入编织物内侧，然后打结。

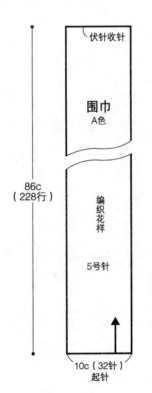

伏针收针

围巾
A色

86c
（228行）

编织花样

5号针

10c（32针）
起针

围巾的编织图 编织花样　　□＝上针记号省略

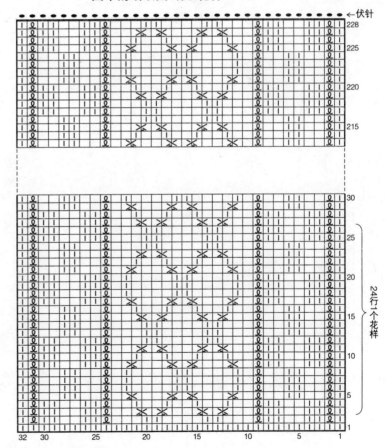

24行1个花样

7、8

连帽马甲

◎材料

自然色 柔软羊毛线（粗线系列）

7 尺寸80：茶色（14）155g

8 尺寸90：青蓝色（28）165g

◎工具

5/0号钩针

◎附属物品

直径2cm的扣子

7 尺寸80：3个

8 尺寸90：4个

◎成品尺寸

7 尺寸80：身长33cm，胸围67.5cm，背肩宽 22cm

8 尺寸90：身长35cm，胸围71cm，背肩宽 24cm

◎标准织片（边长10cm的正方形）

编织花样A和B：25.5针，17行

◎编织要点

用1根线进行编织。

★前后身片采用锁针起针，后身片采用编织花样A，前身片采用A和B两种花样依照图示进行编织。

★前后肩处卷针接缝半针，腋窝处挑针接缝。

★风帽处左右两片挑针，按照图示花样A和B进行编织，把风帽对折，卷针接缝半针将两片拼合。

★袖窿处前后编织成环形。编织下摆、前襟、风帽边时，要一边织出扣眼，一边往返编织。

★缝上纽扣。

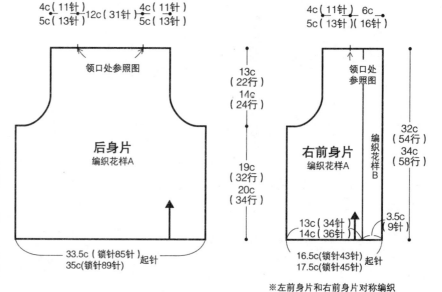

4c（11针） 5c（13针） 12c（31针） 4c（11针） 5c（13针）

领口处参照图

后身片
编织花样A

33.5c（锁针85针）起针
35c（锁针89针）

4c（11针） 6c（16针） 5c（13针）

13c（22行） 14c（24行）

领口处参照图

右前身片
编织花样A
编织花样B

32c（54行） 34c（58行）

19c（32行） 20c（34行）

13c（34针） 14c（36针） 3.5c（9针）

16.5c（锁针43针） 17.5c（锁针45针）起针

※左前身片和右前身片对称编织

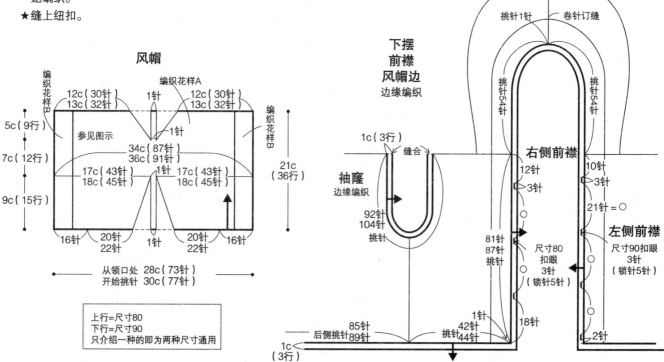

风帽

编织花样B
5c（9行）

7c（12行）

9c（15行）

12c（30针） 13c（32针） 1针 12c（30针） 13c（32针）

编织花样A

1针

参见图示

34c（87针） 36c（91针）

17c（43针） 18c（45针） 1针 17c（43针） 18c（45针）

16针 20针 22针 1针 20针 22针 16针

编织花样B
21c（36行）

从领口处 28c（73针）
开始挑针 30c（77针）

上行＝尺寸80
下行＝尺寸90
只介绍一种的即为两种尺寸通用

下摆
前襟
风帽边
边缘编织

挑针1针 卷针订缝

挑针54针 挑针54针

1c（3行） 缝合

袖窿
边缘编织

92针 104针 挑针

右侧前襟

12针 3针

10针 3针

21针＝○

左侧前襟

尺寸80 扣眼
3针
（锁针5针）

尺寸90 扣眼
3针
（锁针5针）

81针 87针 挑针

1针 42针 挑针44针

18针

1针 2针

后侧挑针 85针 89针

1c（3行）

42

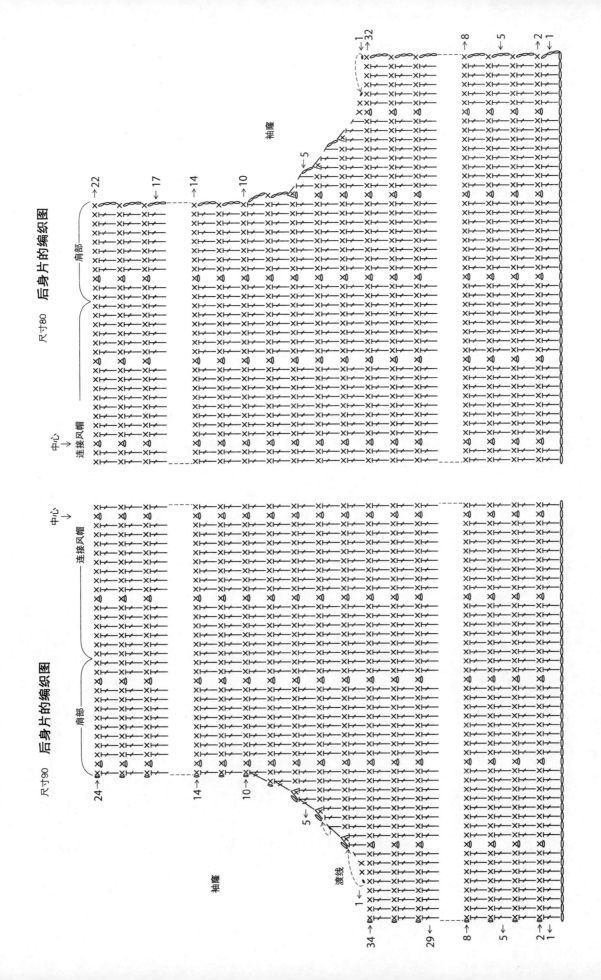

尺寸80　后身片的编织图

肩部

袖窿

连接风帽

中心

尺寸90　后身片的编织图

肩部

袖窿

渡线

连接风帽

中心

43

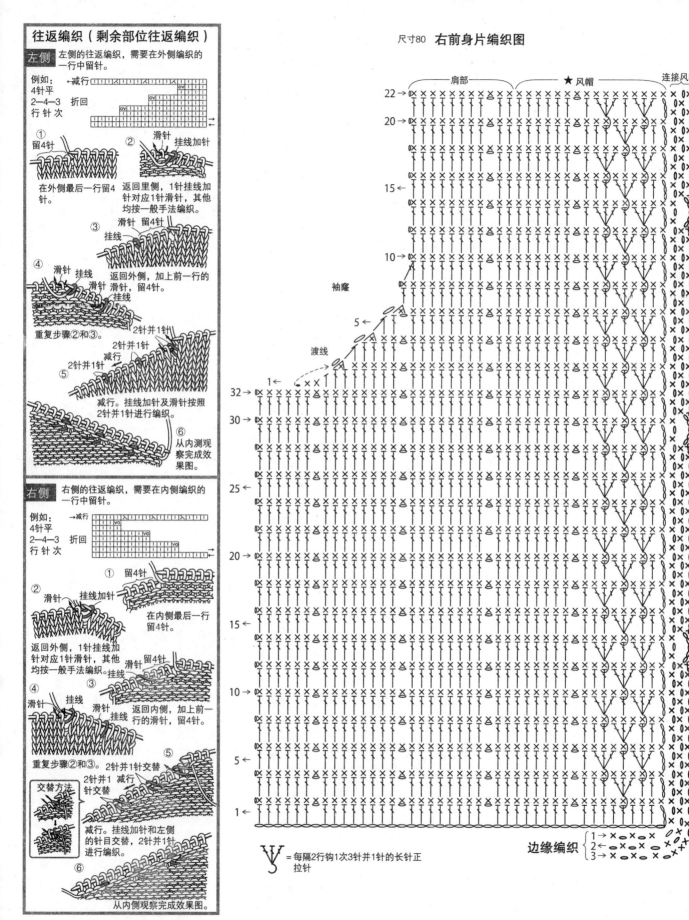

往返编织（剩余部位往返编织）

左侧 左侧的往返编织，需要在外侧编织的一行中留针。

例如：
4针平
2－4－3
行针次

① 留4针
在外侧最后一行留4针。

② 滑针 挂线加针
返回里侧，1针挂线加针对应1针滑针，其他均按一般手法编织。

③ 滑针 留4针
挂线
返回外侧，加上前一行的滑针，留4针。

④ 滑针 挂线 滑针 挂线
重复步骤②和③。

⑤ 2针并1针 减行 2针并1针 2针并1针
减行。挂线加针及滑针按照2针并1针进行编织。

⑥ 从内测观察完成效果图。

右侧 右侧的往返编织，需要在内侧编织的一行中留针。

例如：
4针平
2－4－3
行针次

① 留4针
在内侧最后一行留4针。

② 滑针 挂线加针
返回外侧，1针挂线加针对应1针滑针，其他均按一般手法编织。

③ 滑针 留4针
挂线
返回内侧，加上前一行的滑针，留4针。

④ 滑针 挂线 滑针 挂线
重复步骤②和③。

⑤ 2针并1针交替 2针并1 减行 针交替
交替方法
减行。挂线加针和左侧的针目交替，2针并1针进行编织。

⑥ 从内侧观察完成效果图。

尺寸80 右前身片编织图

肩部 ★风帽 连接风帽

袖隆

渡线

右前襟

扣眼

边缘编织

$\bigvee$ = 每隔2行钩1次3针并1针的长针正拉针

尺寸90 **左前身片编织图**

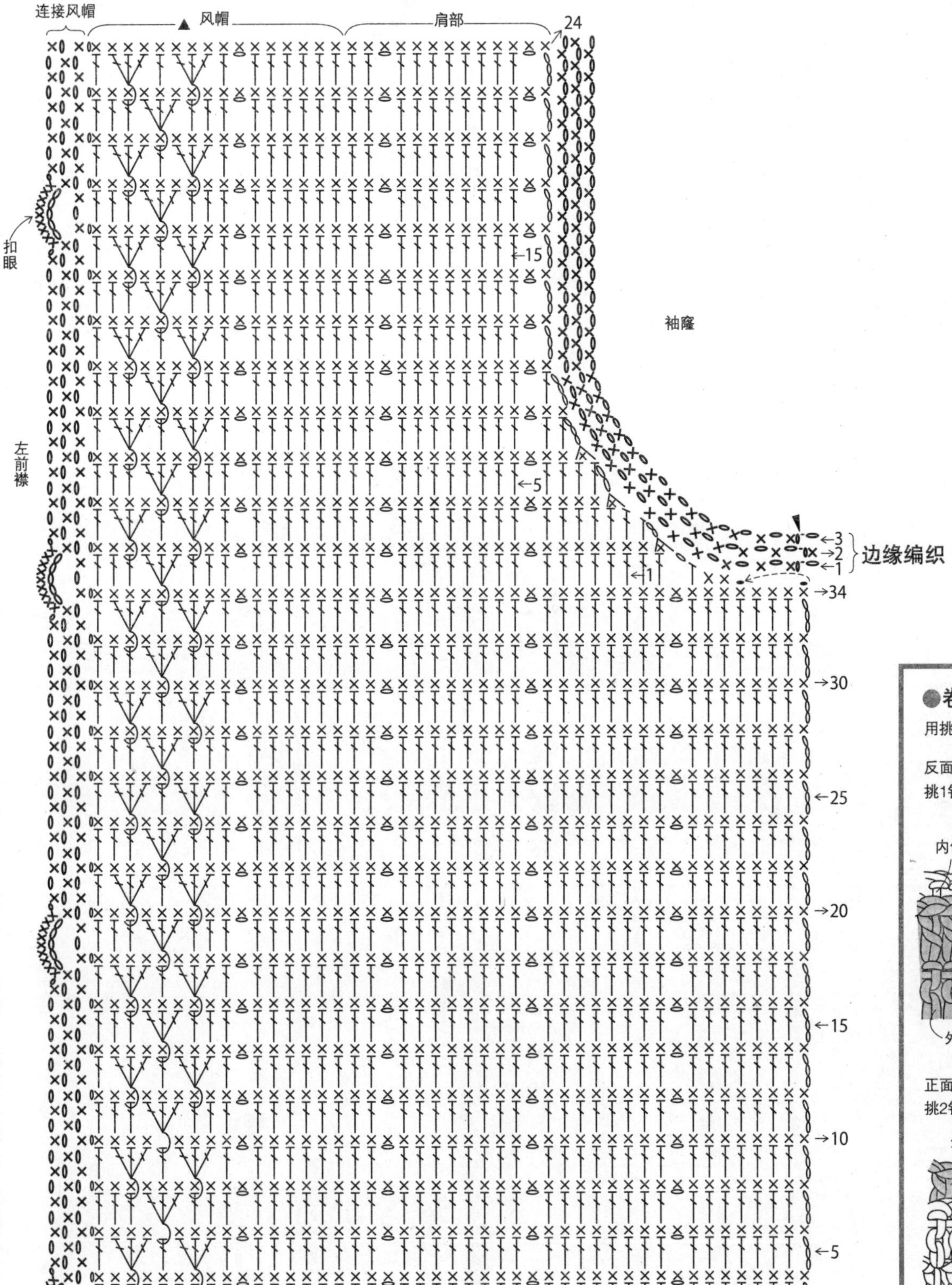

连接风帽
风帽
肩部
24
扣眼
袖窿
左前襟
15
5
1
3
2
1
边缘编织
34
30
25
20
15
10
5
2
1
1
2
3
边缘编织

●卷针接缝

用挑针将针目上方的锁针挑起来。

反面相对合拢
挑1针锁针的方法

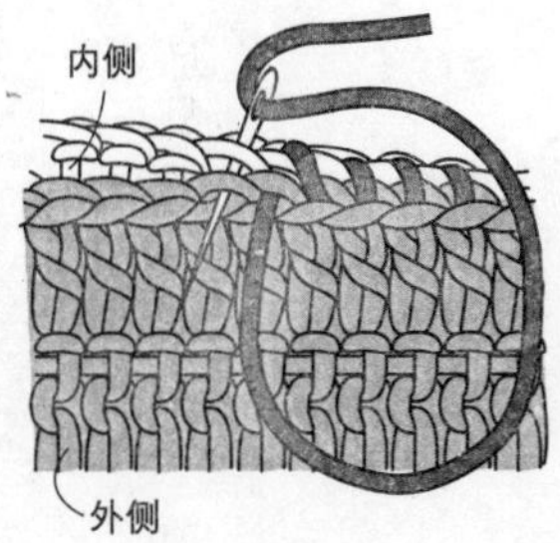

内侧
外侧

正面相对合拢
挑2针锁针的方法

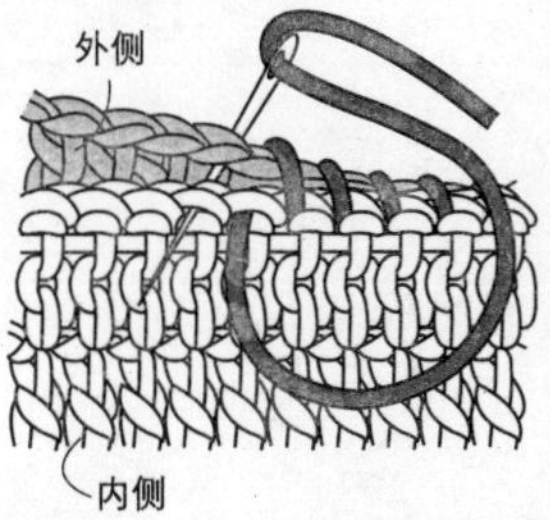

外侧
内侧

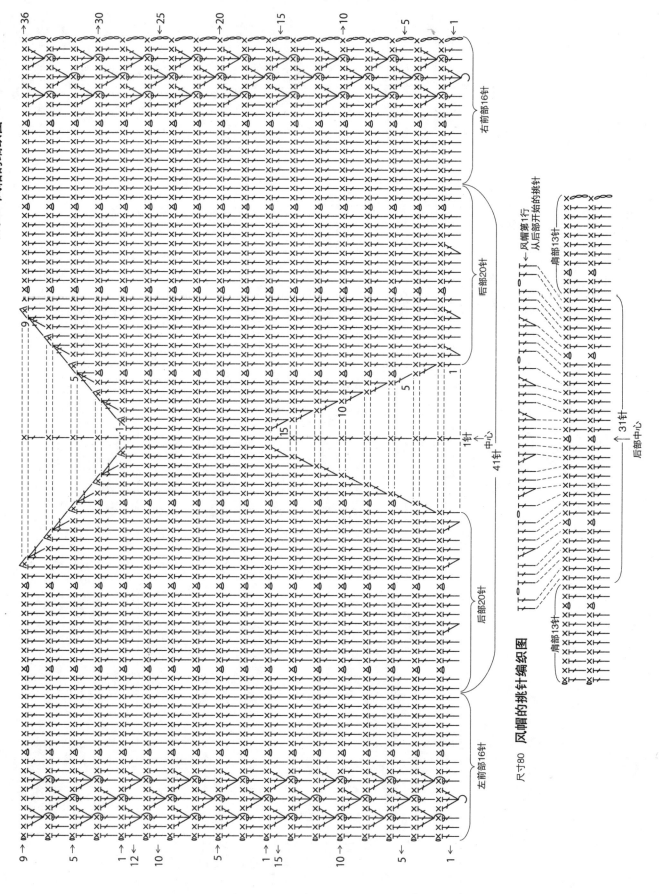

尺寸80　风帽的编织图

右前部16针

后部20针

后部20针

左前部16针

尺寸80　风帽的挑针编织图

←风帽第1行
从后部开始的挑针

肩部13针

肩部13针

31针

后部中心

尺寸90 **风帽的编织图**

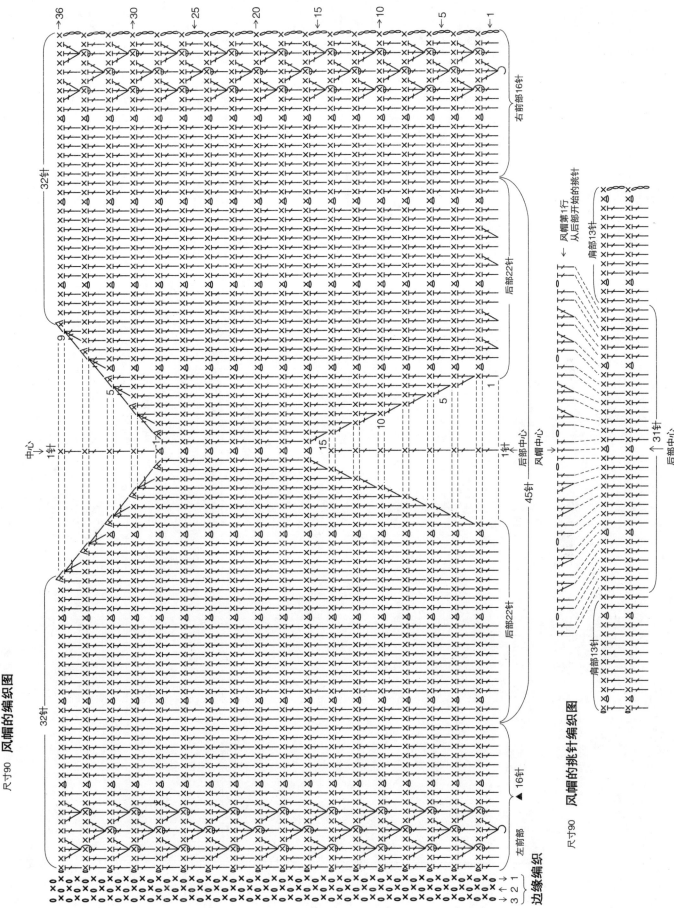

边缘编织

尺寸90 **风帽的挑针编织图**

混色编织帽、手套

◎**材料**

自然色 柔软羊毛线（粗线系列）

帽子

9：橙色（26）15g、本白色（2）、深茶色（24）各10g、婴儿粉色（7）5g

10：橄榄色（27）15g、蓝色（10）、深蓝色（13）各10g、灰色（11）5g

手套

11：橙色（26）8g、深茶色（24）、婴儿粉色（7）各7g、本白色（2）4g

12：橄榄色（27）8g、灰色（11）、深蓝色（13）各7g、蓝色（10）4g

◎**工具**

5/0号钩针

◎**成品尺寸**

帽子：头围46cm，帽兜深20cm

手套：手掌处宽度14cm，长度12cm

◎**标准织片**（边长10cm的正方形）

花样编织：22.5针，12行

◎**编织要点**

用1根线进行编织。

帽子

★锁针起针，用引拔针连接帽口处，然后进行环形花样编织。

★顶部参照编织图通过减针进行编织。剩余针用拧收针。

★帽口进行边缘编织。

配色

	9	10
D色	婴儿粉色	灰色
C色	深茶色	深蓝色
B色	本白色	蓝色
A色	橙色	橄榄色

顶部的减针

7·········（13针）减针13针
6·········（26针）无增减
5·········（26针）减针26针
4·········（52针）无增减
3·········（52针）减针26针
2·········（78针）无增减
第1行·······（78针）减针26针
第16行·······104针

帽子编织图

编织花样

剩下的13针用拧收针

◁=连线
◀=断线

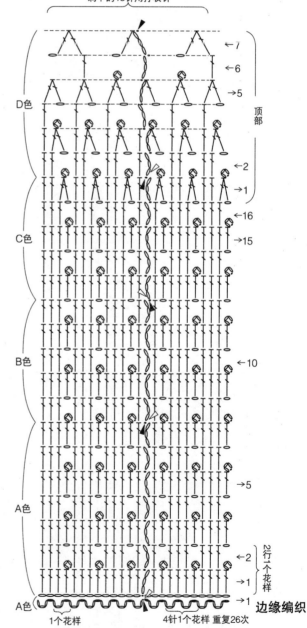

顶部

D色
←7
←6
→5
←2
→1
←16
→15

C色

B色
←10

A色
→5

←2
→1
2行1个花样

A色
→1
边缘编织

1个花样   4针1个花样 重复26次

帽子 花样编织

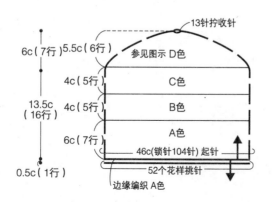

6c（7行）5.5c（6行）

13针拧收针

参见图示 D色

C色

4c（5行）

B色

4c（5行）

A色

6c（7行）

13.5c（16行）

46c(锁针104针）起针

52个花样挑针

0.5c（1行）

边缘编织 A色

手套

★锁针起针，用引拔针连接，进行环形花样编织。大拇指部位锁针编织。

★指尖处参照图示进行减针。内外缝合时，卷针订缝半针。

★大拇指处按照图示进行挑针，长针编织成环形，然后使用拧收针。

★按照图示，细绳与细绳的固定使用锁针。

★制作2个绒球，装饰到两侧。

绒球的制作方法

(2个)D色

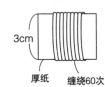

3cm

厚纸　缠绕60次

配色

	11	12
D色	婴儿粉色	灰色
C色	深茶色	深蓝色
B色	本白色	蓝色
A色	橙色	橄榄色

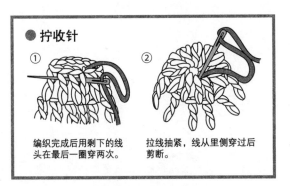

● 拧收针

① ②

编织完成后用剩下的线头在最后一圈穿两次。

拉线抽紧，线从里侧穿过后剪断。

手套（左手）

编织花样

8针　8针

1.5c（2行）　D色

手背　手掌　C色　各3行

10c（12行）　锁针5针　B色

对折　对折

14c(锁针32针)起针　A色　5行

16个花样挑针

0.5c（1行）

边缘编织　A色

※左手和右手左右对称编织

手套编织图（左手）

◁＝连线
◀＝断线

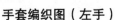

○、●留8针卷针订缝

8针○　8针●

←2
←1
←12

D色

←10

C色

B色

→5

装饰绒球的位置

细绳固定位置

A色

细绳穿过的位置

→2　2行1个花样
→1
→1　边缘编织

2针1个花样　　4针1个花样

大拇指　D色

全部针（6针）拧收针

←4
←3
←2
←1

3.5c（4行）

挑针位置

5c(11针)挑针

大拇指处挑针位置

开始挑针

大拇指　D色
长针编织

6针　拧收针

3.5c（4行）

5c（11针）挑针

细绳　C色　2根线编织　制作2根

50c(锁针130针)起针

把2根细绳连起来

2.5

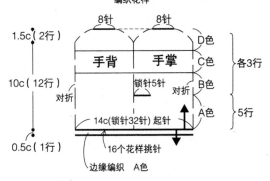

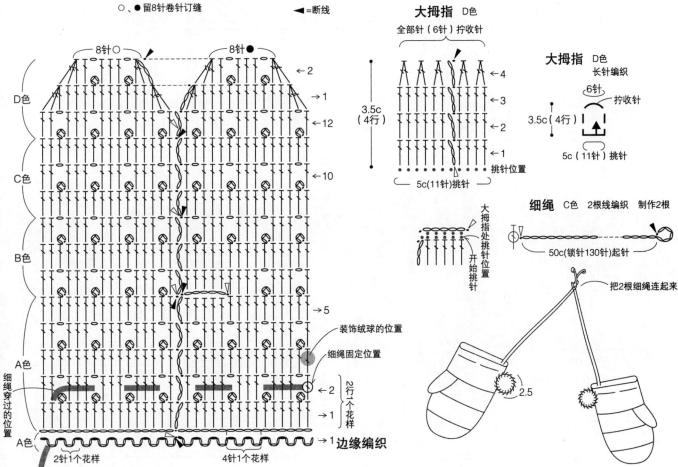

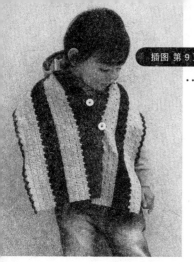

13、14

混色披肩

◎材料

自然色 柔软羊毛线（粗线系列）

13：橄榄色（27）35g，蓝色（10）、灰色（11）各30g，深蓝色（13）25g

14：橙色（26）35g，本白色（2）、婴儿粉色（7）各30g，深茶色（24）25g

◎工具

5/0号钩针

◎附属物品

直径2.1cm的扣子各2个

◎成品尺寸

宽度24cm，长度96cm

◎标准织片（边长10cm的正方形）

花样编织：23.5针，13行

◎编织要点

用1根线进行编织。

★锁针起针，编织花样。

★开头和末尾部位进行边缘编织。

★按照图示钉上扣子。

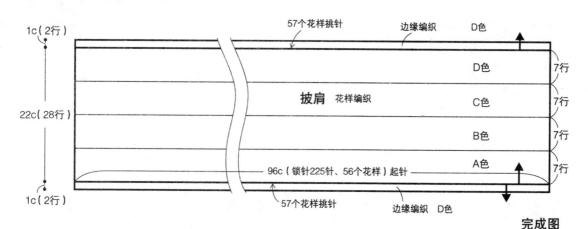

1c（2行）

22c（28行）

1c（2行）

57个花样挑针　　边缘编织　　D色

D色　　7行

披肩　花样编织　　C色　　7行

B色　　7行

96c（锁针225针、56个花样）起针　　A色　　7行

57个花样挑针　　边缘编织　D色

完成图

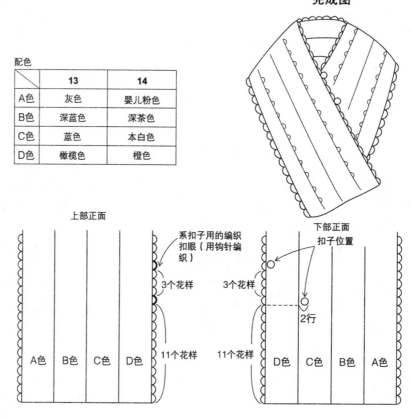

上部正面

下部正面

锁针3针的狗牙针

① 锁针3针

编织3针锁针，按照箭头指示方向放入钩针。

② 引拔钩织1次。

③

配色

	13	14
A色	灰色	婴儿粉色
B色	深蓝色	深茶色
C色	蓝色	本白色
D色	橄榄色	橙色

系扣子用的编织扣眼（用钩针编织）

3个花样

11个花样　　11个花样

A色　B色　C色　D色

扣子位置

3个花样

2行

D色　C色　B色　A色

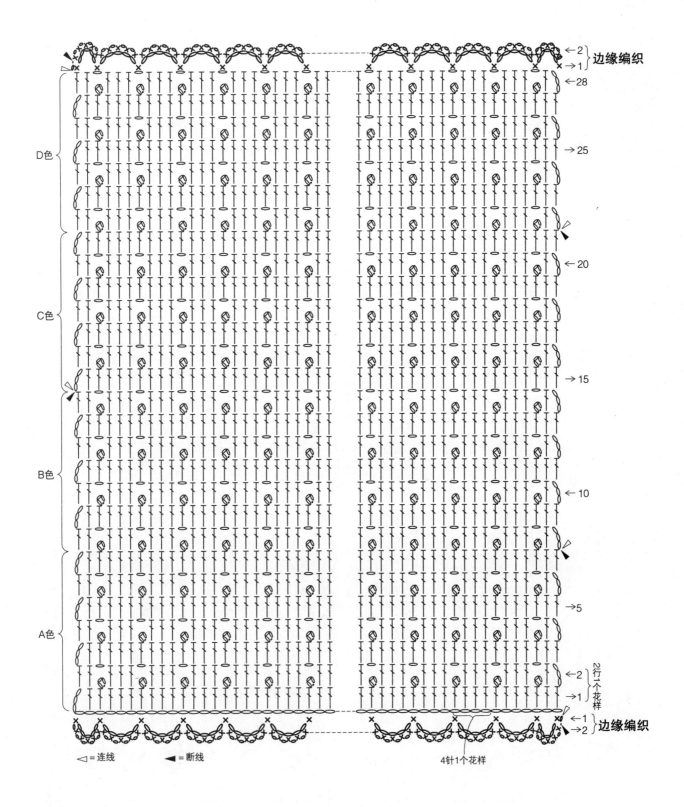

←2 }边缘编织
→1

←28

→25

←20

→15

←10

→5

→2 }2行1个花样
→1

D色
C色
B色
A色

←1 }边缘编织
→2

◁=连线　　◀=断线

4针1个花样

15、16

翻领马甲

◎材料
自然色 柔软羊毛线（粗线系列）
15 尺寸80：橄榄色（27）100g
16 尺寸90：摩卡咖啡色（25）110g
◎工具
6/0号钩针
◎附属物品
直径1.8cm的扣子各3个
◎成品尺寸
15 尺寸80：身长28cm，胸围64cm，背肩宽22cm
16 尺寸90：身长30cm，胸围68cm，背肩高24cm

◎标准织片（边长10cm的正方形）
长针编织、花样编织：19.5针，10行
◎编织要点
用1根线进行编织。

★前后身片均锁针起针，前后采用花样编织和
　长针编织。

★肩部卷针订缝。

★衣领处锁针起针，按照图示进行长针编织。
　前后身片与领口采用卷针订缝。

★下摆、前襟、领部做2行短针编织，第3行参照
　衣领的编织方法，同前后身片分开编织。

★袖隆处前后短针编织成筒形。

★扣眼用钩针钩织，缝上扣子。

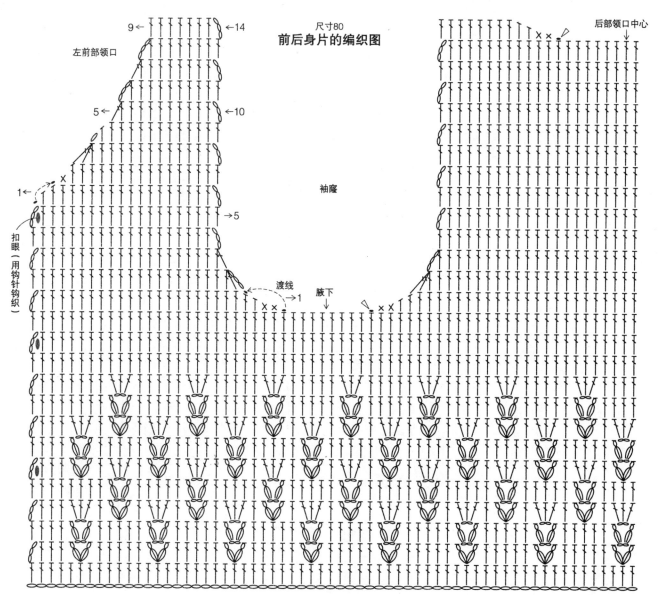

尺寸80
前后身片的编织图

左前部领口

后部领口中心

袖隆

渡线

腋下

扣眼（用钩针钩织）

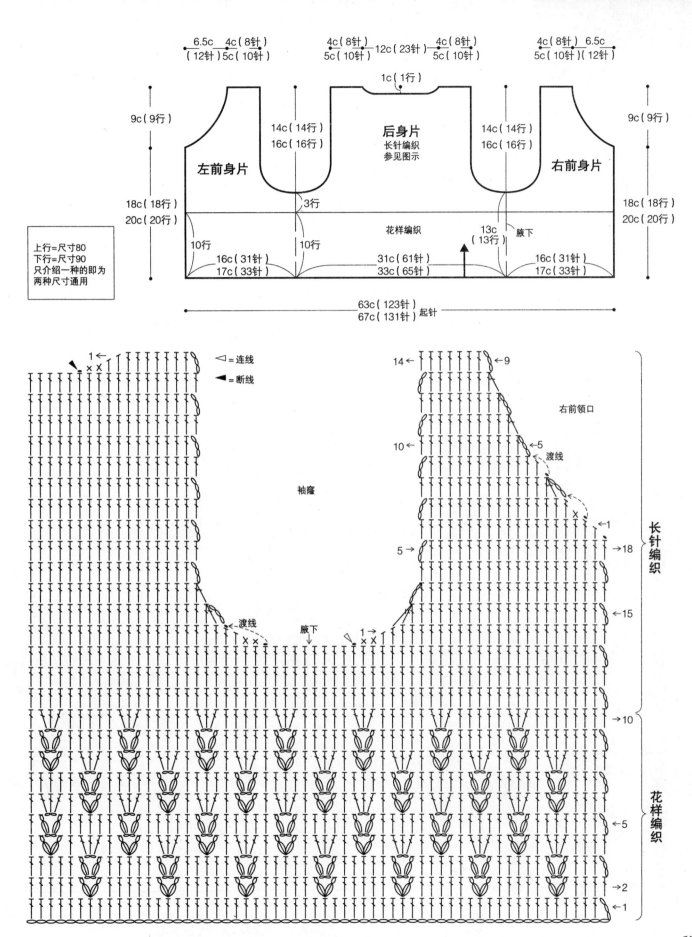

6.5c（12针） 4c（8针）　　　4c（8针） 12c（23针） 4c（8针）　　　4c（8针） 6.5c（12针）
5c（10针）　　　　5c（10针）　　　　　　5c（10针）　　　　5c（10针）（12针）

1c（1行）

9c（9行）

14c（14行）　　后身片　　14c（14行）
16c（16行）　长针编织　16c（16行）
参见图示

左前身片　　　　　　　　　　　　　右前身片

18c（18行）　　　　　　　　　　　　　　　　　18c（18行）
20c（20行）　　3行　　　　　　　　　　　　　　20c（20行）

花样编织

上行=尺寸80
下行=尺寸90
只介绍一种的即为
两种尺寸通用

10行　　　　　10行　　　　13c　　腋下
（13行）

16c（31针）　　　31c（61针）　　　16c（31针）
17c（33针）　　　33c（65针）　　　17c（33针）

63c（123针）
67c（131针）起针

1←　　　　　　▷=连线
××　　　　　▶=断线

14←　　　　←9

右前领口

10←　　　←5
渡线

←1

袖窿　　　　　　　　　5→　　　　→18

长针编织

←15

渡线　　　腋下　　　1
↓　　　××

→10

花样编织

←5

→2
←1

53

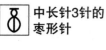 中长针3针的
枣形针

① 第1针 第2针 第3针
在上一行同一针目中织3针未完成的中长针，用钩针钩住1根线，按照图示箭头的方向织引拔针。

② 再次用钩针钩住1根线，按照图示箭头的方向，一次穿过2个线圈。

③ 中长针织出了枣形，完成。

尺寸90 **前后身片的编织图**

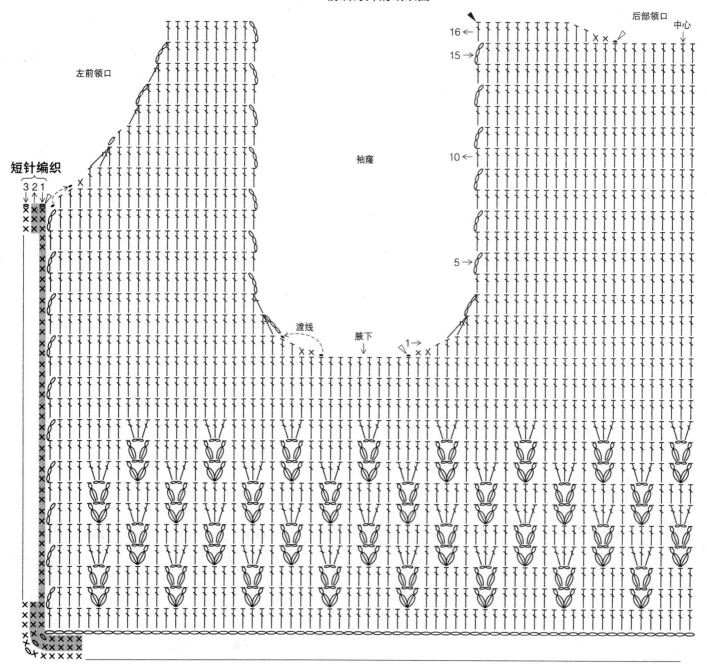

左前领口

短针编织

渡线

腋下

袖窿

后部领口 中心

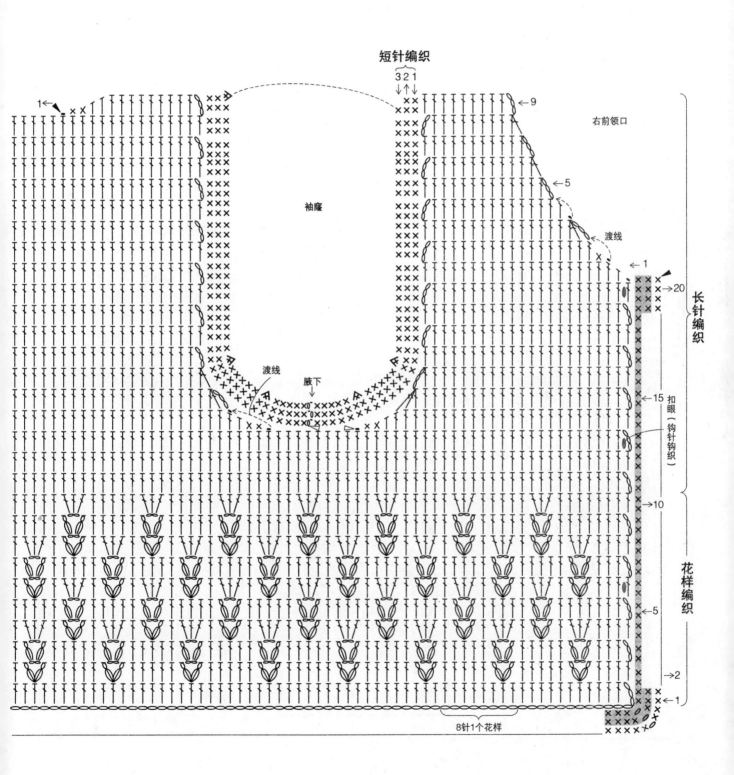

短针编织

3 2 1

袖窿

右前领口

长针编织

渡线

腋下

渡线

扣眼（钩针钩织）

花样编织

8针1个花样

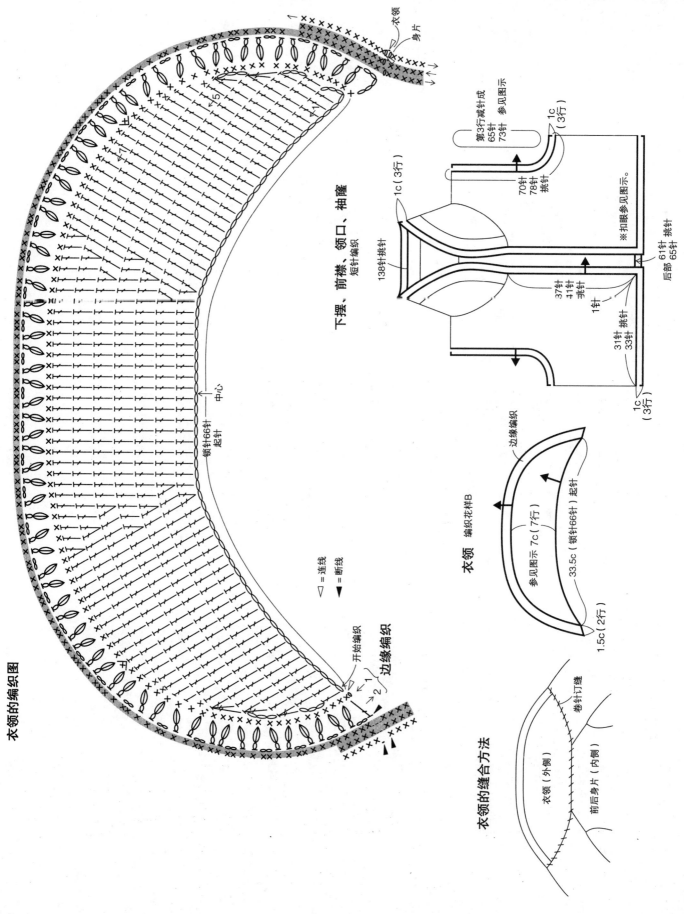

衣领的编织图

□＝连线
▲＝断线

领针66针
起针

中心

开始编织

边缘编织

下摆、前襟、领口、袖窿　短针编织

138针挑针

第3行减针成
65针
73针

70针
78针
挑针

1c
（3行）

37针
41针
挑针

1针

31针
33针
挑针

61针 挑针
后部 65针

1c
（3行）

※扣眼参见图示。

1c
（3行）

衣领　编织花样B

边缘编织

参见图示 7c（7行）

33.5c（领针66针）起针

1.5c（2行）

衣领的缝合方法

卷针订缝

衣领（外侧）

前后身片（内侧）

56

插图 第 12 页

17~20

海军风护耳帽和围脖

◎材料

自然色 柔软羊毛线（粗线系列）

帽子

17：深蓝色（13）40g

18：红色（12）40g

围脖

19：深蓝色（13）40g

20：红色（12）40g

◎工具

6/0号钩针

◎附属物品

帽子：直径2cm的扣子各 2个

围脖：直径2.3cm的扣子各 1个

◎成品尺寸

帽子：头围45cm，帽兜深14.5cm

围脖：宽度10cm，长度66cm

◎标准织片（边长10cm的正方形）

花样编织 帽子：26.5针，14行

围脖：27.5针，13.5行

◎编织要点

用1根线进行编织。

帽子

★环形编织起针，参照图示从顶部开始，增针编织。

★帽口处采用短针棱针编织。

★左右护耳处长针编织。编织帽口和护耳处之后继续用短针编织完成边缘部分。

★给顶部装饰上绒球，两侧缝上扣子。

围脖

★锁针起针，花样编织。

★从花样编织最后一行开始边缘编织。

★缝上扣子。

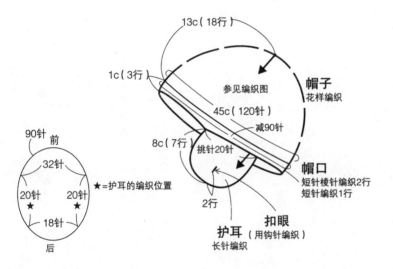

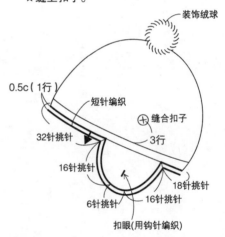

插图 第 24 页

36、37 ★上接第72页

尺寸90 **扣眼**（右前身片）

尺寸80 **扣眼**（左前身片）

边缘编织A

边缘编织A'

3针1个花样   3针1个花样   ╳=短针棱针编织

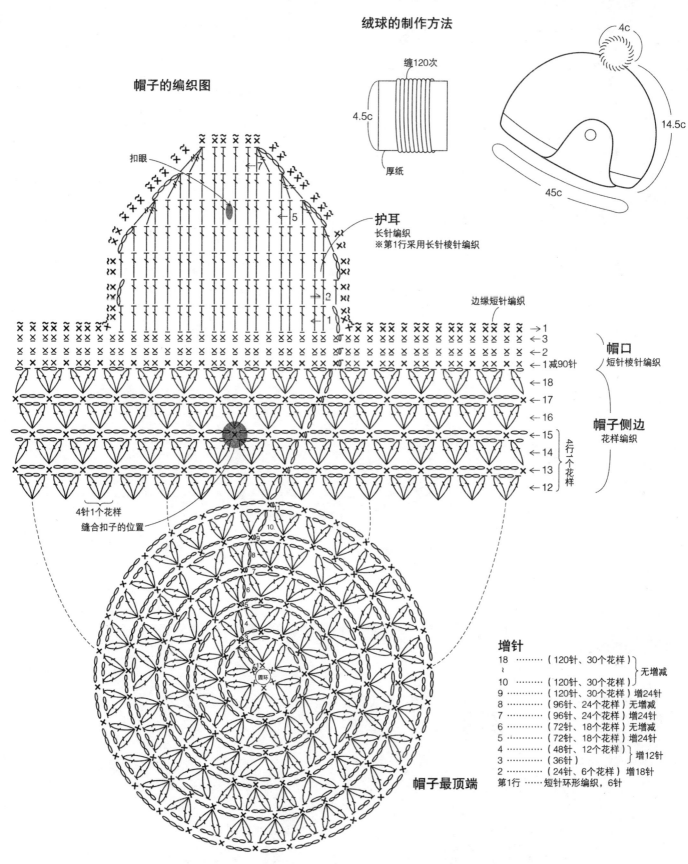

绒球的制作方法

帽子的编织图

缠120次

4.5c

厚纸

4c

14.5c

45c

扣眼

护耳
长针编织
※第1行采用长针棱针编织

←7

←5

边缘短针编织

→1
←3
←2
←1减90针

帽口
短针棱针编织

←18
←17
←16
←15
←14
←13
←12

帽子侧边
花样编织

4行1个花样

4针1个花样
缝合扣子的位置

帽子最顶端

增针

18 ┄┄┄（120针、30个花样）┐
10 ┄┄┄（120针、30个花样）┘无增减
9 ┄┄┄（120针、30个花样）增24针
8 ┄┄┄（96针、24个花样）无增减
7 ┄┄┄（96针、24个花样）增24针
6 ┄┄┄（72针、18个花样）无增减
5 ┄┄┄（72针、18个花样）增24针
4 ┄┄┄（48针、12个花样）┐增12针
3 ┄┄┄（36针）┘
2 ┄┄┄（24针、6个花样）增18针
第1行 ┄┄短针环形编织，6针

✕=针与针之间成束挑起编织

边缘短针编织

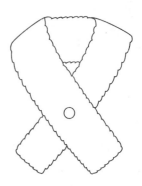

围脖的编织图
花样编织

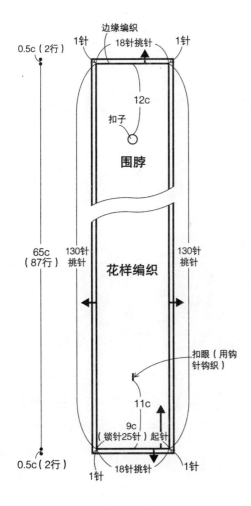

边缘编织
18针挑针
1针   1针

12c

扣子

围脖

花样编织

0.5c（2行）

65c
（87行）

130针
挑针   130针
挑针

扣眼（用钩
针钩织）

11c

9c
（锁针25针）起针

18针挑针
1针   1针

0.5c（2行）

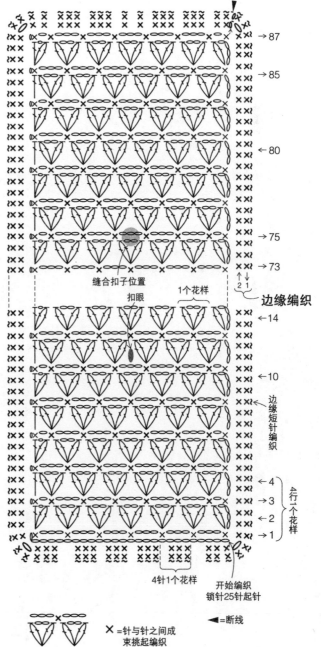

→87

→85

←80

→75

→73

缝合扣子位置

扣眼   1个花样

←14

←10

边缘短针编织

←4
→3
2
→1   4行1个花样

4针1个花样

开始编织
锁针25针起针

4针1个花样

×=针与针之间成
束挑起编织

◀=断线

59

23

孩子的马甲

◎**材料**

自然色 柔软羊毛线（粗线系列）

尺寸80：白色（1）50g，蓝色（28）15g

尺寸90：白色（1）55g，蓝色（28）20g

◎**工具**

5号、3号棒针各2根　3号棒针4根　3/0号钩针1根

◎**成品尺寸**

尺寸80：身长31.5cm，胸围60cm，背肩宽24.5cm

尺寸90：身长33.5cm，胸围64cm，背肩宽25.5cm

◎**标准织片（边长10cm的正方形）**

上下针编织条纹：23.5针，32行

◎**编织要点**

用1根线进行编织。

★前后身片采用一般起针方法起针，主体采用3针罗纹编织、上下针条纹编织和上下针编织。

★肩部盖针订缝，腋下前后挑针接缝。

★领口、袖窿处采用3针罗纹编织织成环形，领口按照图示用钩针完成。袖窿处合拢外侧和内侧，缝合。

★鲸鱼图案用十字绣绣好。

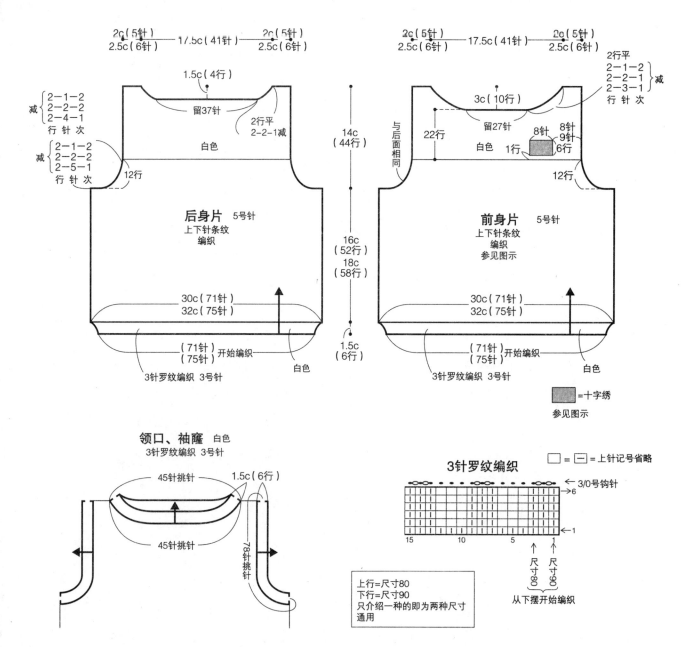

后身片 5号针
上下针条纹编织

2c（5针）　1.5c（41针）　2c（5针）
2.5c（6针）　　　　　　　　2.5c（6针）

1.5c（4行）
留37针
2行平
2-2-1减

减 { 2-1-2 / 2-2-2 / 2-4-1 }
行 针 次

减 { 2-1-2 / 2-2-2 / 2-5-1 }
行 针 次

12行

白色

30c（71针）
32c（75针）

（71针）开始编织
（75针）

白色

3针罗纹编织 3号针

14c（44行）
16c（52行）
18c（58行）
1.5c（6行）

前身片 5号针
上下针条纹编织 参见图示

2c（5针）　17.5c（41针）　2c（5针）
2.5c（6针）　　　　　　　　2.5c（6针）

2行平
2-1-2
2-2-1
2-3-1
行 针 次 减

3c（10行）
留27针

与后面相同

22行

8针　8针
9针
6行

白色　1行

12行

30c（71针）
32c（75针）

（71针）开始编织
（75针）

白色

3针罗纹编织 3号针

▨ =十字绣
参见图示

领口、袖窿 白色
3针罗纹编织 3号针

45针挑针　1.5c（6行）

45针挑针

78针挑针

3针罗纹编织

□ = 一 = 上针记号省略

← 3/0号钩针
6
1

15　10　5　1

尺寸80　尺寸90

从下摆开始编织

上行=尺寸80
下行=尺寸90
只介绍一种的即为两种尺寸通用

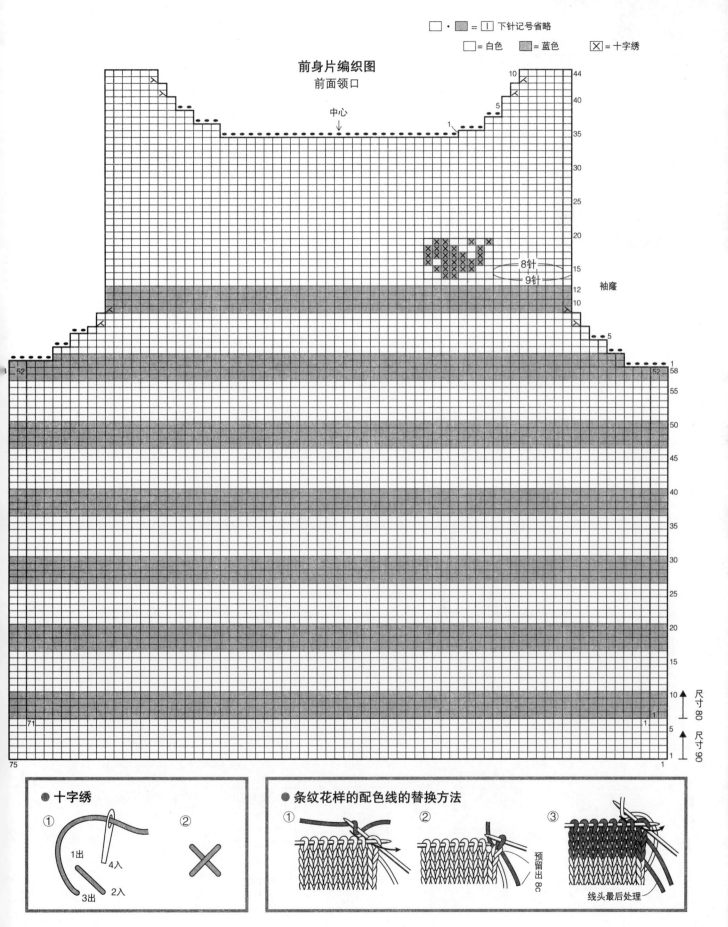

24

母亲的马甲

◎材料
自然色 柔软羊毛线（粗线系列）
白色（1）130g，蓝色（28）35g

◎工具
5号、3号棒针各2根，3号棒针4根

◎成品尺寸
身长55cm，胸围89cm，背肩宽35.5cm

◎标准织片（边长10cm的正方形）
上下针条纹编织：23.5针，32行

◎编织要点
用1根线进行编织。

★前后身片用普通起针方法起针，再采用3针罗纹编织，上下针编织和上下针条纹编织。

★肩部盖针订缝，腋下前后挑针接缝。

★领口、袖窿处采用3针罗纹编织成环形，伏针收针。

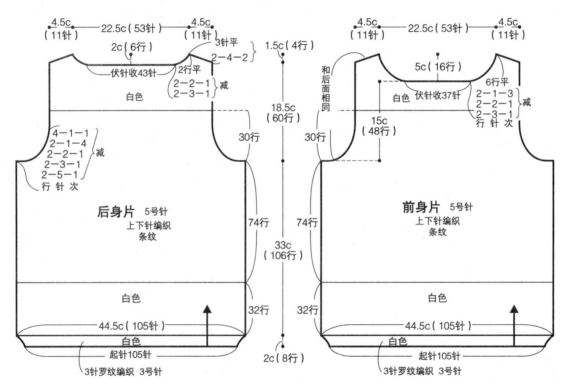

后身片 5号针
上下针编织 条纹

4.5c（11针） 22.5c（53针） 4.5c（11针）
2c（6行） 3针平
伏针收43针 2行平
白色 2-4-2
2-2-1 减
2-3-1
4-1-1
2-1-4
2-2-1 减
2-3-1
2-5-1
行 针 次
30行
74行
74行
32行
白色
44.5c（105针）
白色
起针105针
3针罗纹编织 3号针

前身片 5号针
上下针编织 条纹

4.5c（11针） 22.5c（53针） 4.5c（11针）
5c（16行） 6行平
和后面相同 伏针收37针
白色 2-1-3
2-2-1 减
2-3-1
行 针 次
15c（48行）
30行

1.5c（4行）
18.5c（60行）
33c（106行）
2c（8行）

条纹配色

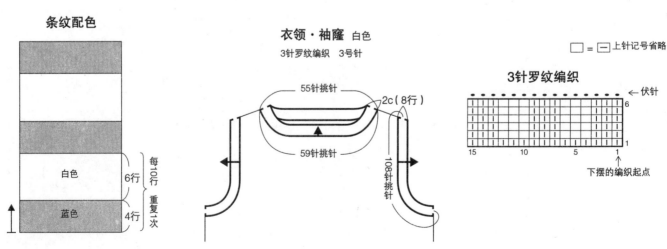

每10行
白色 6行 重复1次
蓝色 4行

衣领·袖窿 白色
3针罗纹编织 3号针

55针挑针
2c（8行）
59针挑针
108针挑针

3针罗纹编织

伏针
下摆的编织起点
15 10 5 1

□ = 上针记号省略

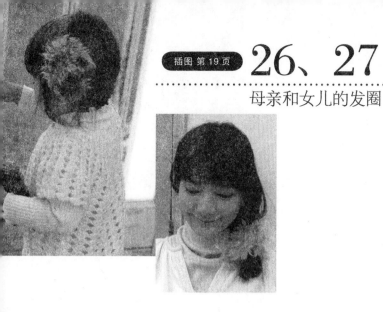

26、27
母亲和女儿的发圈

◎材料
自然色 仿制皮草系列毛线（最粗毛线系列）
26：浅茶色（2）4m
27：米色（1）4m
◎工具
7毫米钩针
◎附属物品
直径3mm的橡皮筋
26：直径5cm（20cm）
27：直径6cm（23cm）
◎成品尺寸
26：直径10cm
27：直径12cm
◎编织要点
用1根线进行编织。
★先织1针短针和3针锁针，再沿着橡皮筋进行短针编织。

26 女儿 浅茶色

橡皮筋

←1

◁

10c

27 母亲 米色

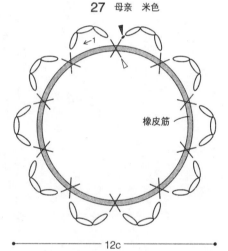

橡皮筋

←1

12c

橡皮筋

编织开始时，将毛线固定到钩针上，如图所示，在橡皮筋上进行短针编织。

◁ = 开始编织

◀ = 断线

※将毛线松紧适度地编织到橡皮筋上。

●口袋的编织方法

① 前身片编织的那条线先留针，在口袋的位置，用另外一条线另编一行。

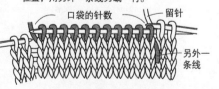

口袋的针数　留针

另外一条线

② 用先前空下来的那条线再次在口袋的位置编织一行，而且一直编织到最后。

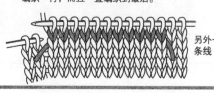

另外一条线

③

前身片

口袋位置

用另外一条毛线编织的位置，正是从内侧看到的地方。
拆下这根毛线，从上面的针目（▲）开始编织口袋内侧，从下面针目（△）开始编织袋口。

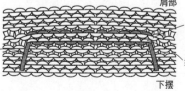

肩部

内侧口袋挑针（▲）

袋口处挑针（△）

下摆

④

口袋内侧

内侧

外侧

▲从此处开始挑针

从▲开始挑针编织口袋内侧。

⑤

从△处开始挑针编织袋口。

口袋内侧尽量不要影响外侧，采用包缝缝好。

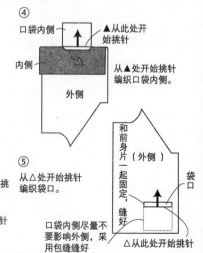

和前身片（外侧）一起固定，缝好

袋口

△从此处开始挑针

插图 第18页 **25**

钩织镂空针织衫

上行=尺寸80
下行=尺寸90
只介绍一种的即为两种尺寸
通用

◎**材料**

自然色 柔软羊毛线（粗线系列）

尺寸80：粉红色（19）95g

尺寸90：粉红色（19）105g

◎**工具**

5/0号钩针

◎**成品尺寸**

尺寸80：身长29.5cm，胸围62cm，袖长22.5cm

尺寸90：身长32cm，胸围68cm，袖长24.25cm

◎**标准织片（边长10cm的正方形）**

编织花样A：22针，9行

编织花样B：1个花样2.8cm，7行

◎**编织要点**

用1根线进行编织。

★前后均从育克到下摆进行编织。锁针起针，引拔
该针，按照图示中编织花样A通过中间增减针进
行编织。

★前后身片按照编织花样B进行编织。用锁针连接。

★衣领处用边缘编织织成环形。

★口袋采用编织花样B编织，缝到前身片上。

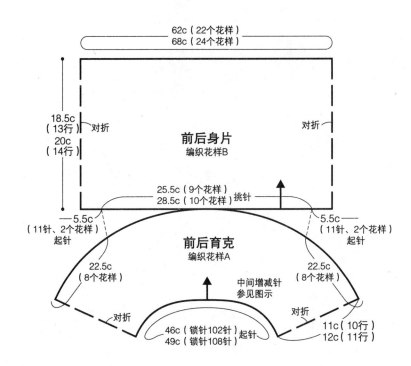

62c（22个花样）
68c（24个花样）

18.5c
（13行）对折

20c
（14行）

前后身片
编织花样B

对折

25.5c（9个花样）
28.5c（10个花样）挑针

—5.5c—
（11针、2个花样）
起针

—5.5c—
（11针、2个花样）
起针

前后育克
编织花样A

22.5c
（8个花样）

22.5c
（8个花样）

中间增减针
参见图示

对折

对折

11c（10行）
12c（11行）

46c（锁针102针）
49c（锁针108针）起针

衣领 边缘编织

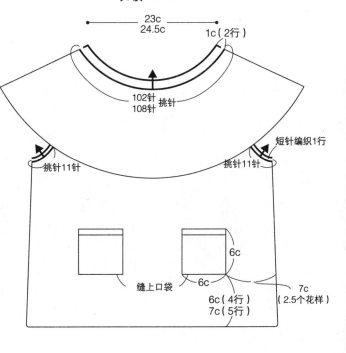

23c
24.5c

1c（2行）

102针
108针
挑针

102针
108针

短针编织1行

挑针11针

挑针11针

缝上口袋

6c

6c

7c
（2.5个花样）

6c（4行）
7c（5行）

口袋 编织花样B
2块

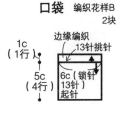

1c
（1行）

边缘编织
13针挑针

5c
（4行）

6c（锁针
13针）
起针

口袋的编织图

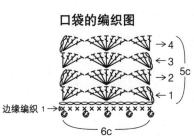

→4
←3
→2
←1

5c

边缘编织1→

6c

6c

64

前后育克、前后身片的编织图

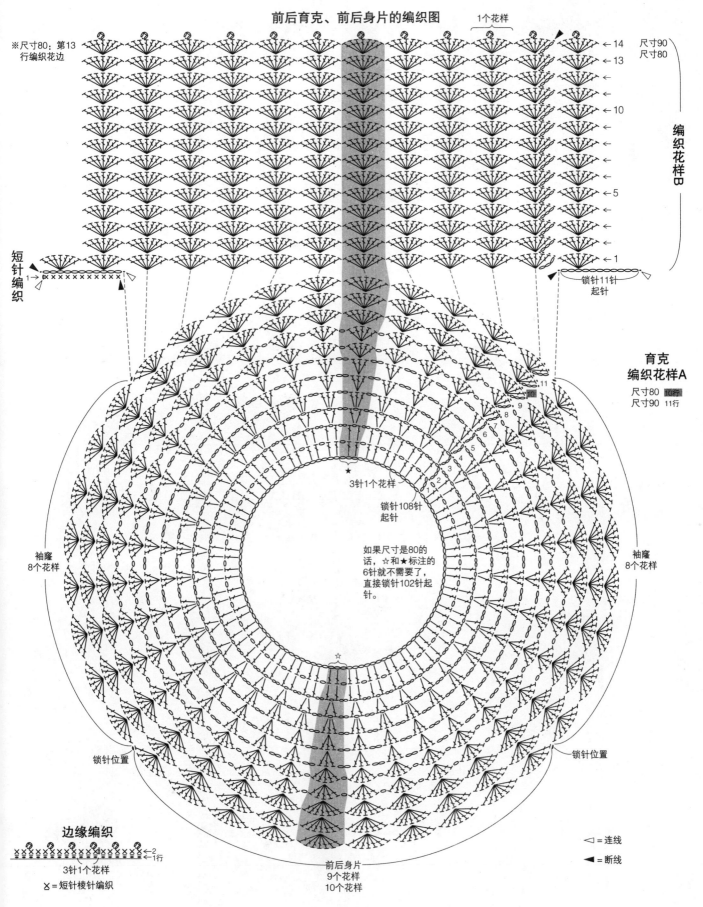

※尺寸80：第13行编织花边

1个花样

编织花样B

尺寸90 ←14
尺寸80 ←13
←10
←5
←1

短针编织

锁针11针
起针

育克
编织花样A

尺寸80 10行
尺寸90 11行

3针1个花样

锁针108针
起针

如果尺寸是80的话，☆和★标注的6针就不需要了，直接锁针102针起针。

袖窿
8个花样

袖窿
8个花样

锁针位置

锁针位置

边缘编织

←2行
←1行

3针1个花样

✕=短针棱针编织

前后身片
9个花样
10个花样

◁=连线

◀=断线

插图 第20页

28、29

毛绒套脖披肩

◎材料
自然色 仿制皮草系列毛线（最粗毛线系列）
28：米色（1）14m
29：驼色（3）14m
◎工具
9毫米棒针2根
◎附属物品
5毫米宽的细皮绳80cm
◎成品尺寸
宽度8cm，长度43cm
◎标准织片 （边长10cm的正方形）
内侧上下针编织：7.5针，10行
◎编织要点
用1根线进行编织。
★采用普通起针手法起针，内侧上下针编织。编织到最后，一边减针，一边收针。
★参照图示，两端装饰好细绳。

披肩

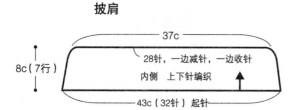

37c
28针，一边减针，一边收针
内侧 上下针编织
8c（7行）
43c（32针）起针

内侧上下针编织 □ = ⊟ 上针记号省略

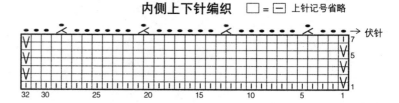

→伏针

细绳穿过位置

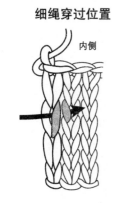

内侧

完成图

在末端打结

细绳装饰方法

1c
内侧
细绳40c
缝合固定

| V | 滑针 |
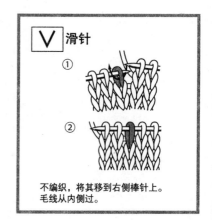

①
②

不编织，将其移到右侧棒针上。
毛线从内侧过。

插图 第21页

30、31

附带针织花的发带

◎材料
自然色 柔软羊毛线（粗线系列）
30：白（1）15g
31：浅米色（8）15g
◎工具
5/0号钩针
◎成品尺寸
宽度8cm，长度89cm

◎标准织片（边长10cm的正方形）
花样编织：25针，10行
◎编织要点
用1根线进行编织。
★锁针起针，参照图示进行花样编织。
★花样编织的最后一行进行边缘编织，编织一圈。
★细绳编织到指定位置。
★针织花采用环形起针按照图示编7圈。用中长针
　的枣形针缝到中心。
★把针织花装饰到发带上。

针织花 1个

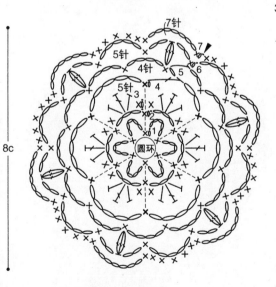

7针
5针
4针
5针
7
5 6
4
3
0 1
圆环

8c

X = 把第3圈的花瓣翻至前面，
　　第2圈的短针里挑针编织第
　　4圈。

发带的编织图

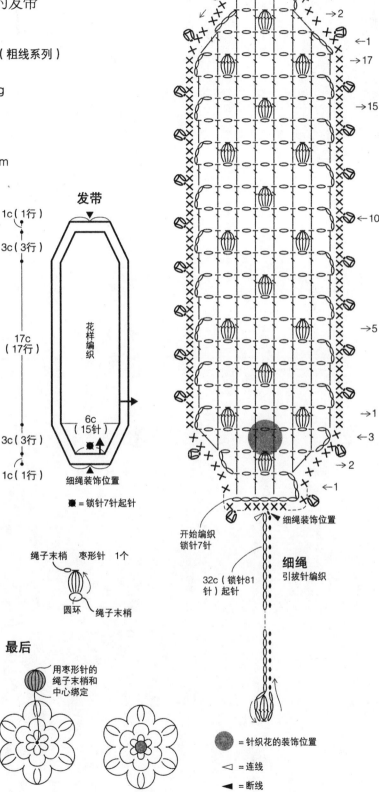

边缘编织　　　　细绳装饰位置

→3
→2
←1
→17
→15
←10
→5
→1
←3
→2
←1

开始编织
锁针7针

细绳装饰位置

发带

1c（1行）
3c（3行）
17c
（17行）

花样编织

6c
（15针）
3c（3行）
1c（1行）

细绳装饰位置

■ =锁针7针起针

绳子末梢　枣形针　1个
圆环　　绳子末梢

最后

用枣形针的
绳子末梢和
中心绑定

细绳
引拔针编织

32c（锁针81
针）起针

● =针织花的装饰位置
◁ =连线
◀ =断线

32、33

护耳儿童帽

◎**材料**

自然色 柔软羊毛线（粗线系列）

32：橄榄色（27）35g

33：浅橄榄色（17）35g

自然色 仿制皮草系列毛线（最粗毛线系列）

32、33：驼色（3）各2.5m

◎**工具**

5号、4号棒针各4根

◎**完成尺寸**

头围 45cm，帽兜深 15cm

◎**标准织片（边长10cm的正方形）**

花样编织：29.5针，30行

◎**编织要点**

用1根线进行编织。

★采用普通起针方法起针，采用单罗纹编织和花样编织，编织成筒形。帽子顶端参照图示减针进行编织。最后一行束紧绑定。

★护耳按照图示挑针，采用单罗纹编织。

★帽子护耳的末梢，编织3股细绳。

★制作绒球，装饰到帽子顶部。

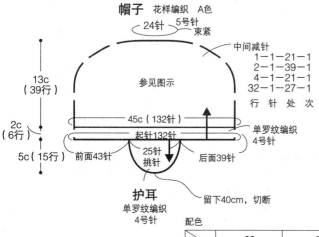

帽子 花样编织 A色

24针 5号针 束紧

中间减针
1-1-21-1
2-1-39-1
4-1-21-1
32-1-27-1

行 针 处 次

13c（39行）

参见图示

45c（132针）

2c（6行） 起针132针 单罗纹编织 4号针

5c（15行） 前面43针 25针挑针 后面39针

护耳
单罗纹编织
4号针

留下40cm，切断

配色

	32	33
A色	橄榄色	浅橄榄色
B色	驼色	驼色

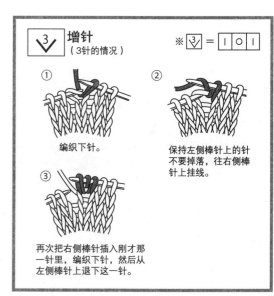

↓	**增针**（3针的情况）	※ ⌄³ = I ○ I

① 编织下针。

② 保持左侧棒针上的针不要掉落，往右侧棒针上挂线。

③ 再次把右侧棒针插入刚才那一针里，编织下针，然后从左侧棒针上退下这一针。

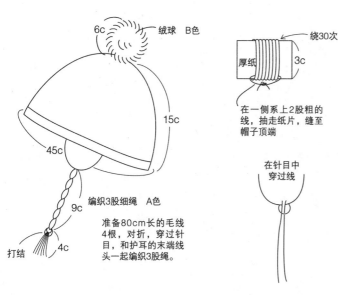

绒球 B色

6c

15c

45c

9c

4c

打结

编织3股细绳 A色

准备80cm长的毛线4根，对折，穿过针目，和护耳的末端线头一起编织3股绳。

绕30次

厚纸 3c

在一侧系上2股粗的线，抽走纸片，缝至帽子顶端。

在针目中穿过线

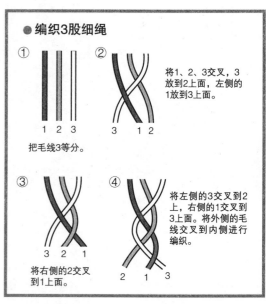

● **编织3股细绳**

① 把毛线3等分。

1 2 3

② 将1、2、3交叉，3放到2上面，左侧的1放到3上面。

3 1 2

③ 将右侧的2交叉到1上面。

3 2 1

④ 将左侧的3交叉到2上，右侧的1交叉到3上面。将外侧的毛线交叉到内侧进行编织。

2 1 3

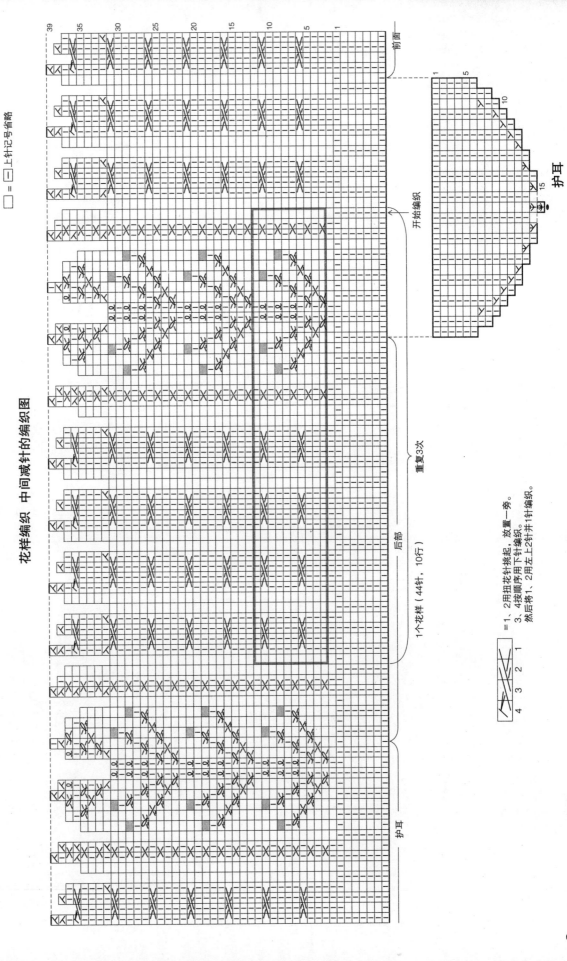

花样编织 中间减针的编织图

= 1、2用扭花针挑起，放置一旁。
3、4按顺序用下针编织。
然后将1、2用左上2针并1针编织。

34

帆船图案马甲

◎**材料**

自然色 柔软羊毛线（粗线系列）

尺寸80：本白色（2）55g，橄榄色（27）10g

尺寸90：本白色（2）65g，橄榄色（27）15g

◎**工具**

4号、5号棒针2根　4号棒针4根　4/0号钩针1根

◎**成品尺寸**

尺寸80：身长31.5cm，胸围62cm，背肩宽23cm

尺寸90：身长34cm，胸围66cm，背肩宽25cm

◎**标准织片**（边长10cm的正方形）

上下针编织、编织花样：24针，30行

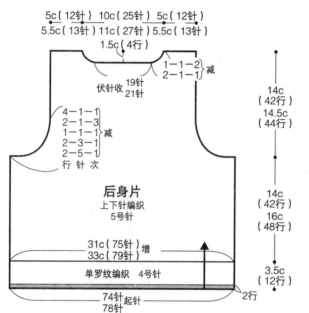

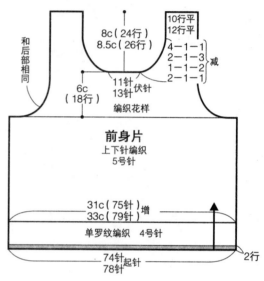

配色	
	本白色
	橄榄色

上行=尺寸80
下行=尺寸90
只介绍一种的即为两种尺寸通用

□＝│＝上针记号省略

◎**编织要点**

用1根线进行编织。

★前后身片用普通起针方法起针，采用单罗纹编织和上下针编织。前身片的花样按照图示进行编织。

★肩部引拔订缝，腋下挑针接缝。

★衣领、袖窿处采用单罗纹编织按照筒形编织。用钩针从里侧引拔收针。

单罗纹编织（衣领、袖窿）

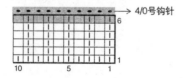

→4/0号钩针

衣领、袖窿 单罗纹编织　4号针

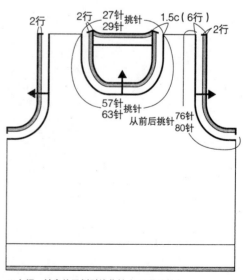

※衣领、袖窿从里侧引拔收针（4/0号钩针）。

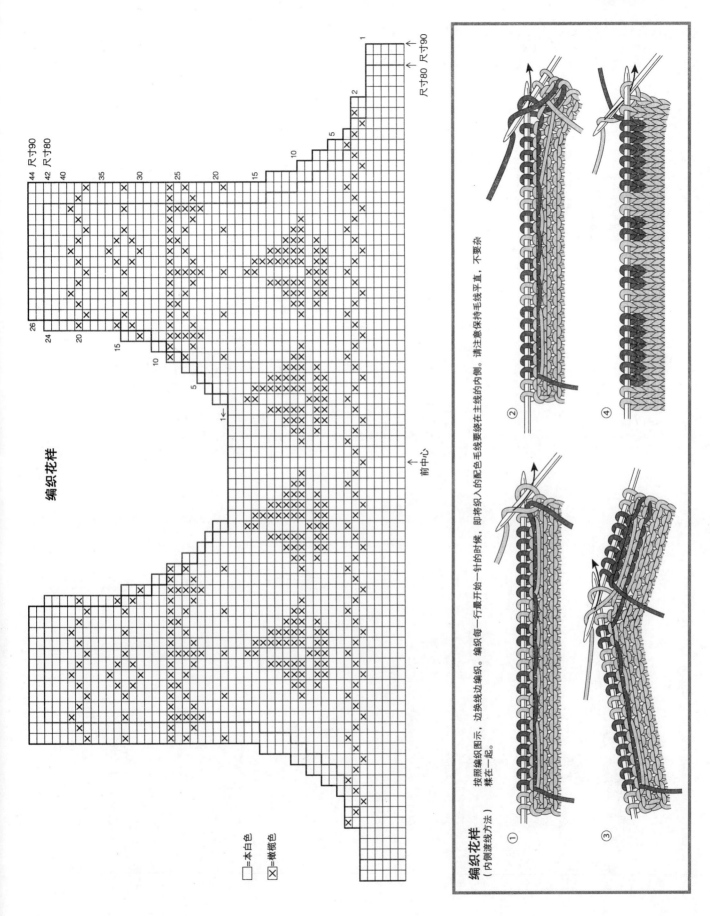

编织花样

□=本白色
×=橄榄色

编织花样
（内侧渡线方法）

按照编织图示，边换线边编织。编织每一行最开始一针的时候，即将织入的配色毛线要绕在主线的内侧。请注意保持毛线平直，不要杂样在一起。

35~37

儿童羊毛衫和母亲的套脖围巾

◎材料

自然色 柔软羊毛线（粗线系列）

35 摩卡咖啡色（25）85g，本白色（2）25g

36 尺寸90：本白色（2）130g，摩卡咖啡色（25）20g

37 尺寸80：摩卡咖啡色（25）125g，本白色（2）15g

◎工具

6号、7号棒针各2根　6号棒针4根　4/0号钩针1根

◎附属物品

36、37：直径1.15cm的扣子各4个

◎成品尺寸

35：宽度20.5cm，长度125cm

36 尺寸90：身长34cm，胸围68.5cm，背肩宽26cm，袖长31.5cm

37 尺寸80：身长32cm，胸围64.5cm，背肩宽24cm，袖长30cm

35

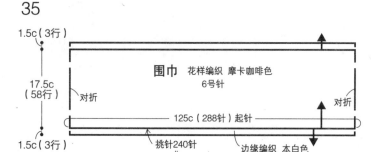

1.5c（3行）

17.5c（58行）　对折

围巾 花样编织 摩卡咖啡色 6号针

对折

125c（288针）起针

挑针240针 ＝80个花样

边缘编织 本白色 4/0号钩针

1.5c（3行）

边缘编织

花样编织和作品36、37相同。

36、37　衣领 花样编织 针数调整

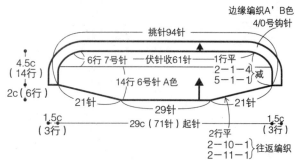

挑针94针

边缘编织A' B色 4/0号钩针

4.5c（14行）

2c（6行）

6行 7号针——伏针收61针——1行平

2-1-4 减
5-1-1

14行 6号针 A色

21针　29针　21针

1.5c（3行）　29c（71针）起针　1.5c（3行）

2行平
2-10-1 往返编织
2-11-1

★扣眼、边缘编织A和A'的编织方法见P57。

●往返编织

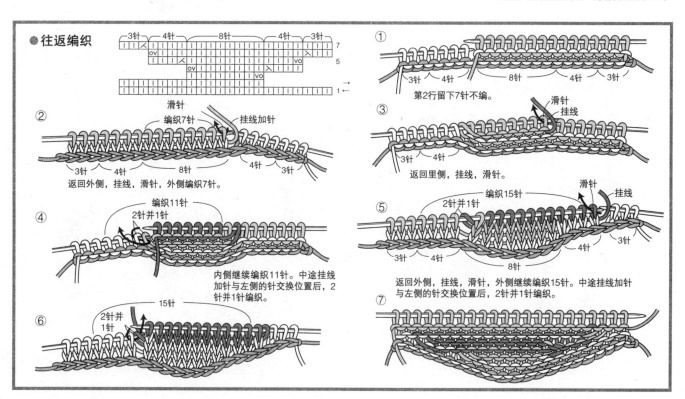

① 第2行留下7针不编。

② 返回外侧，挂线，滑针，外侧编织7针。

③ 返回里侧，挂线，滑针。

④ 内侧继续编织11针。中途挂线加针与左侧的针交换位置后，2针并1针编织。

⑤ 返回外侧，挂线，滑针，外侧继续编织15针。中途挂线加针与左侧的针交换位置后，2针并1针编织。

⑥

⑦

◎标准织片（边长10cm的正方形）
花样编织 35：23针，33行　36、37：24.5针，32行
◎编织要点
用1根线进行编织。
围脖
★采用一般起针方法起针，花样编织成环形。最后伏针收针。
★上下用钩针钩出边缘。
羊毛衫
★前后身片、袖子用另线起针后开始编织花样。
★口袋用另外一根毛线编织。

★肩部盖针订缝，袖子下部挑针接缝。
★衣领用一般起针方法起针，按照图示变化来编织花样，调整针数进行编织。用钩针进行边缘编织A'。
★下摆、袖子拆掉锁编针数，伏针收针。
★下摆是边缘编织A，前襟是边缘编织A'，一边编织扣眼，一边进行往返编织。袖口采用边缘编织A，编织成环形。
★口袋用另外一根毛线编织内侧与外侧。
★衣领挑针接缝。
★袖子使用引拔针连接到身片上。
★缝上扣子。

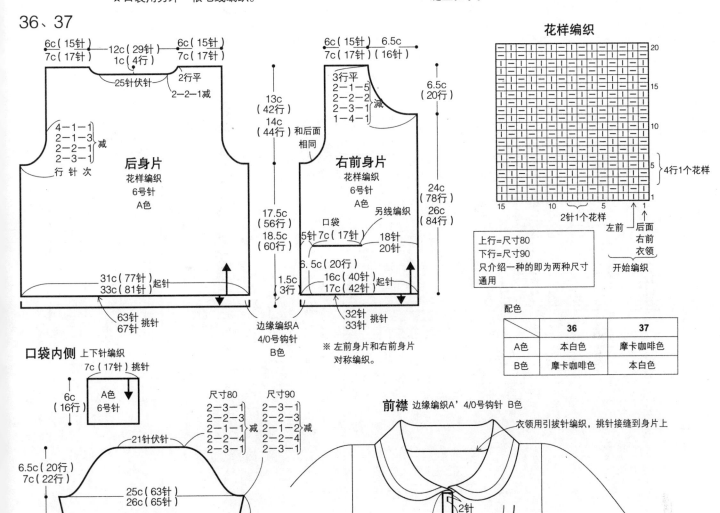

配色

	36	37
A色	本白色	摩卡咖啡色
B色	摩卡咖啡色	本白色

插图 第28页

42、43

雪花图案斜挎包

◎材料
自然色 柔软羊毛线（粗线系列）
42：蓝色（28）18g，白色（1）2g
43：橙色（26）18g，白色（1）2g
◎工具
5号、6号棒针各2根　5/0号钩针1根
◎附属物品
直径1.3cm的扣子各1个
◎完成尺寸
宽度12cm，高度12cm
◎标准织片（边长10cm的正方形）
上下针编织：23针，32行
◎编织要点
用1根线进行编织。
★前片采用一般起针方法起针，上下针编织和鹿纹
　编织，伏针收针。
★从前面第1行开始挑针编织后片。
★前片绣上花样。
★侧片收口。
★细绳采用一般起针方法起针，下针2针、上针1针
　罗纹编织，伏针收针。
★后片编织扣扣子的细绳，前片缝上扣子。细绳和
　侧片接缝好。

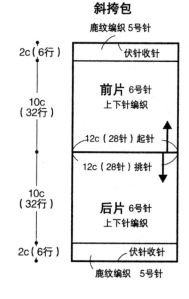

斜挎包

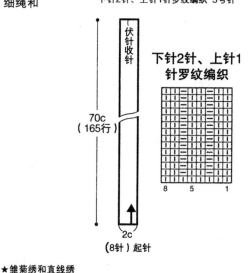

细绳
下针2针、上针1针罗纹编织 5号针

下针2针、上针1针罗纹编织

斜挎包的编织图和刺绣图案（前片）

扣绳（锁针12针）
5/0号钩针
在后面缝合扣绳
扣子缝合位置（前片）

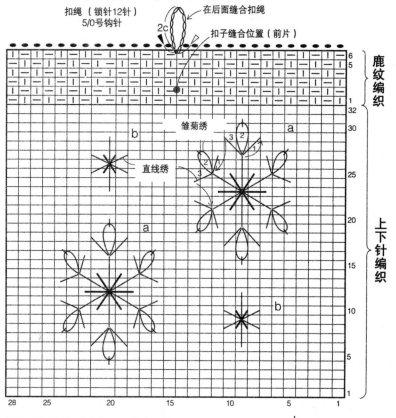

鹿纹编织

上下针编织

雏菊绣

直线绣

a　b

★雏菊绣和直线绣
请参见P79。

细绳的固定方法

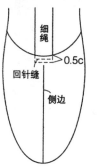

细绳
回针缝
侧边
0.5c

完成图

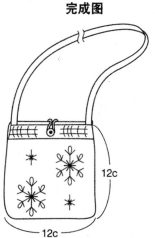

12c

12c

□ = Ⅰ 下针记号省略　刺绣毛线=白色

= 按照标号进行刺绣

※a、b两个图案都是
　先用细线刺绣，然
　后用粗线刺绣。

插图·第26页 # 38~41

附带风帽的围脖和护腿

◎材料

自然色 柔软羊毛线（粗线系列）

38：婴儿粉色（7）95g

39：灰色（11）95g

40：婴儿粉色（7）40g

41：灰色（11）40g

◎工具

5号棒针2根　5/0号钩针1根

◎成品尺寸

围脖：宽度12cm，长度101cm

护腿：腿围20cm，长度20.5cm

◎标准织片（边长10cm的正方形）

围脖：30针，30.5行

风帽、护腿：32针，34行

护腿（右腿）

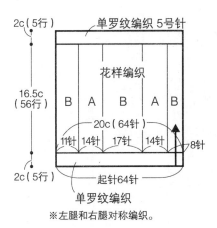

※左腿和右腿对称编织。

护腿的编织图（右腿）

□ = 上针记号省略

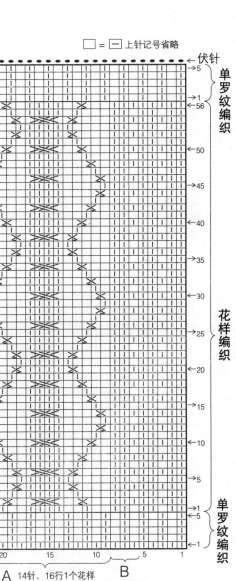

A 14针、16行1个花样

B 3针1个花样

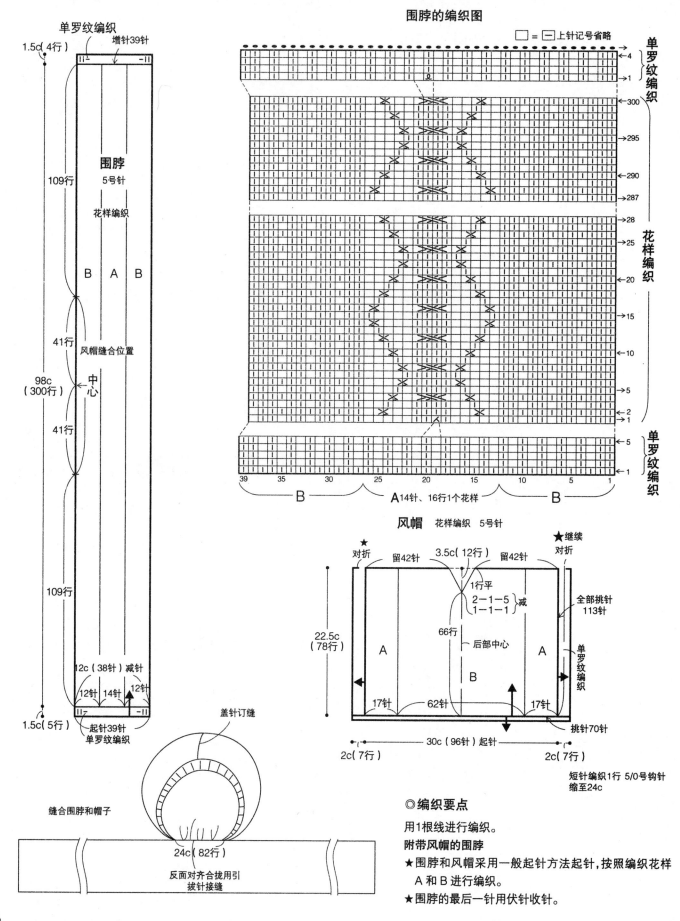

围脖的编织图

□ = 上针记号省略

单罗纹编织

花样编织

单罗纹编织

B A₁₄针、16行1个花样 B

单罗纹编织

增针39针

1.5c(4行)

围脖
5号针

花样编织

B A B

风帽缝合位置

中心

109行

41行

41行

109行

98c
(300行)

12c(38针)减针

12针 14针 12针

1.5c(5行) 起针39针
单罗纹编织

盖针订缝

缝合围脖和帽子

24c(82行)

反面对齐合拢用引
拔针接缝

风帽　花样编织　5号针

★对折　留42针　3.5c(12行)　留42针　★继续对折

1行平
2-1-5
1-1-1 减

66行

后部中心

全部挑针
113针

22.5c
(78行)

A　　　　B　　　　A

单罗纹编织

17针　62针　17针

挑针70针

30c(96针)起针

2c(7行)　　　2c(7行)

短针编织1行 5/0号钩针
缩至24c

◎编织要点

用1根线进行编织。

附带风帽的围脖

★围脖和风帽采用一般起针方法起针,按照编织花样
　A和B进行编织。

★围脖的最后一针用伏针收针。

风帽的编织图

□ = □ 上针记号省略

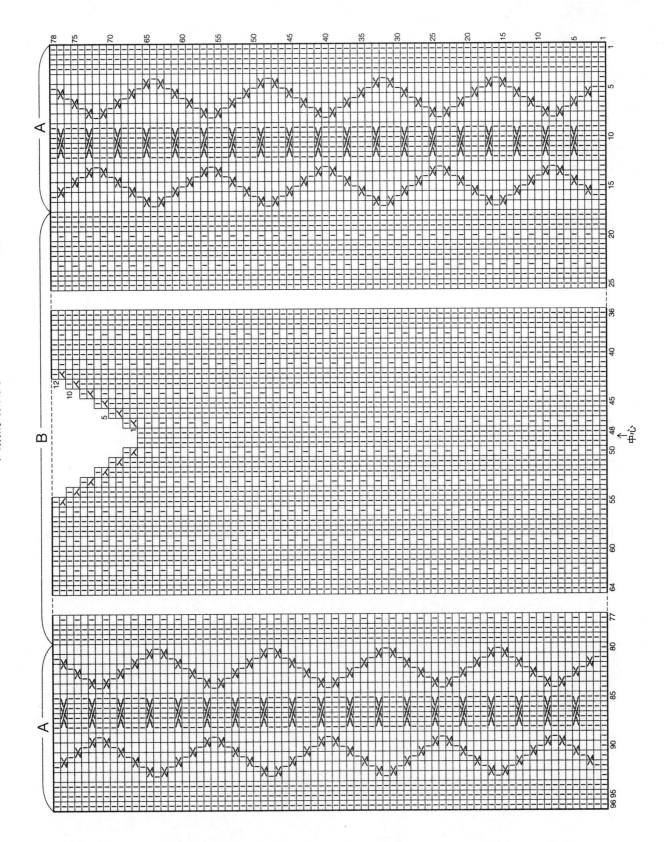

★风帽中心反叠，盖针订缝，帽边单罗纹编织。内外侧
　针目伏针收针。调整短针编织的尺寸。
★围脖和风帽反叠相扣，引拔针接缝。

护腿

★采用一般起针方法起针，用编织花样A和B编织，
　将内外侧针目伏针收针。侧部挑针接缝。

44、45

小熊斜挎包

◎材料

自然色 柔软羊毛线（粗线系列）

44：鲑鱼色（5）25g，本白色（2）、红色（12）各2g，粉红色（21）1g

45：深茶色（24）25g，浅米色（8）2g，粉红色（21）1g

◎工具

5/0号钩针

◎附属物品

直径1.15cm的蘑菇扣各2个

直径1cm的蘑菇扣各1个

直径1.5cm的扣子各1个

◎成品尺寸

参见图示

◎标准织片（边长10cm的正方形）

长针编织：25针，11行

◎编织要点

用1根线进行编织。

★脸部、嘴、蝴蝶结都用锁针起针，参照图示长针编织。

★脸颊环形起针，长针编织，留下毛线头然后切断毛线。

★在前片装饰上嘴、脸颊、眼睛和鼻子。前片和后片反面对齐，侧部和底部引拔针接缝。

★耳朵处前后挑针，编织成环形，束紧绑定。

★细绳锁针起针，编织花样，连接后片和耳朵。

★前片上侧中心处锁针缝制扣眼，后面缝合扣子。

斜挎包 长针编织 A色

脸部 前后各一片

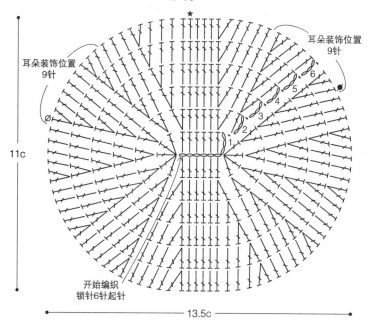

耳朵装饰位置 9针

耳朵装饰位置 9针

开始编织 锁针6针起针

11c

13.5c

扣眼 A色

★ = 扣眼缝合位置

锁针15针

2行
6行 } 1—1—14—5 增针（92针）针 处 次

1行…锁针6针起针，四周进行长针编织22针

蝴蝶结（仅**44**用） 长针编织 D色

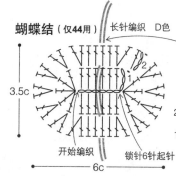

取50cm的毛线2根，穿过蝴蝶结中心部束紧，然后缠绕3次与主体固定到一起

3.5c

开始编织

锁针6针起针

6c

2行…1—14—1 增针（36针）针 处 次

1行…锁针6针起针，四周进行长针编织22针

嘴 长针编织 B色

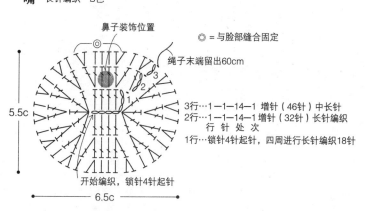

鼻子装饰位置

◎ = 与脸部缝合固定

绳子末端留出60cm

5.5c

开始编织，锁针4针起针

6.5c

3行…1—1—14—1 增针（46针）中长针

2行…1—1—14—1 增针（32针）长针编织 行 针 处 次

1行…锁针4针起针，四周进行长针编织18针

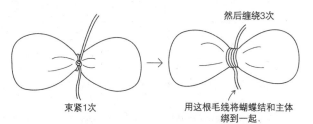

束紧1次

然后缠绕3次

用这根毛线将蝴蝶结和主体绑到一起

脸颊 （2片） C色

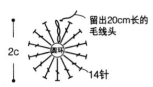

留出20cm长的毛线头

圆环

2c

14针

配色	44	45
A色	鲑鱼色	深茶色
B色	本白色	浅米色
C色	粉色	粉色
D色	红色	

完成图

11c

扣绳

后面缝上扣子

1行

仅作品**44**缝上蝴蝶结

缝到后面

缝上做眼睛的扣子

脸部针目

3行

0.5cm

嘴

1.5c

缝上做鼻子的扣子

针目

1cm

脸颊

回针缝固定

引拔针进行编织

13.5c

耳朵 （2片）长针编织 A色

11针 将毛线穿过顶部束紧绑定

4c

4c(11针)

留出15cm长的毛线头

3c

←3
←2
←1

斜挎包第6行

前片　后片

$\updownarrow$ = ∅ 　●
前后重合挑针

细绳 花样编织 A色

留出30cm长的线头

←85

81c
(85行)

→2
←1

←2c→
（锁针4针）起针

预留出30cm的线头后开始编织

●锁边绣

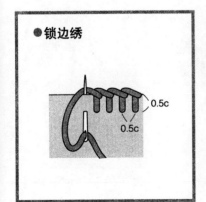

0.5c
0.5c

●雏菊绣

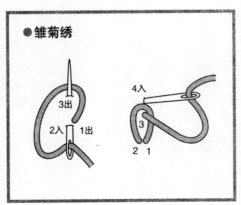

3出
2入 1出
4入
3
2 1

●直线绣

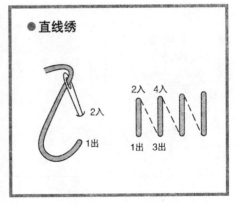

2入
1出
2入 4入
1出 3出

79

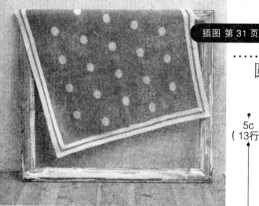

圆点毛毯

◎材料
自然色 柔软羊毛线（粗线系列）
浅绿色（18）235g，本白色（2）
95g

◎工具
6/0号、5/0号钩针

◎成品尺寸
长度77.5cm，宽度73.5cm

◎标准织片（边长10cm的正方形）
短针编织：19.5针，25.5行

◎编织要点
用1根线进行编织。

★ 锁针起针，短针编织花样，不往内
  侧渡线。

★ 边缘编织采用短针编织，往返编织，
  在四个角不断增针，编成弧形。

★ 按照图示，采用锁边绣绣一圈。

毛毯

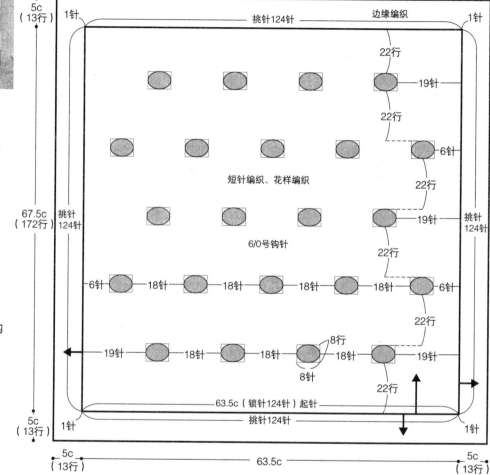

短针编织、编织花样

图例
- ⊠ = 本白色
- ✕ = 浅绿色
- ◁ = 连线
- ◄ = 断线

● **纵向编织时，中途换线的方法**

在完成换线那一针的前一针时，加入一根新毛线。

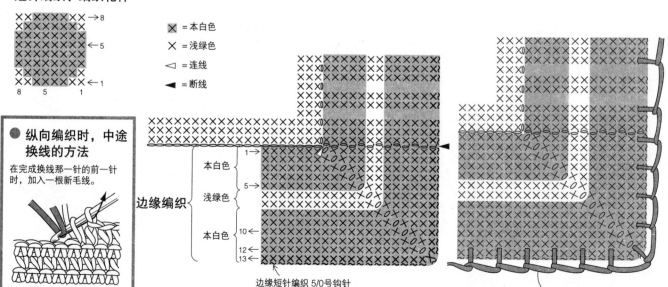

边缘编织

边缘短针编织 5/0号钩针

锁边绣（P79）浅绿色

47~49

心形靠垫

◎材料
自然色 柔软羊毛线（粗线系列）
47：本白色（2）50g
48：绿色（23）50g
49：红色（12）50g
◎工具
5/0 号钩针
◎附属物品
填充棉各 35g

◎成品尺寸
参见图示
◎标准织片（边长 10cm 的正方形）
花样编织：22.5针，9.5行
◎编织要点
用 1 根线进行编织。
★锁针起针，按照图示的花样通过增减针编织成环形。
★将 2 片织片正面对齐，预留返口，然后卷针订缝，翻至正面，从返口处放入填充棉，然后缝合返口。

靠垫 花样编织
2片

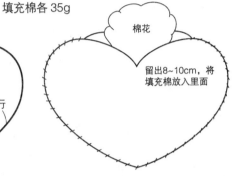

20.5c

锁针31针起针

7行

7行

25.5c

棉花

留出8~10cm，将填充棉放入里面

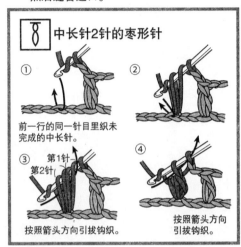

中长针2针的枣形针

① 前一行的同一针目里织未完成的中长针。
②
③ 第1针 第2针 按照箭头方向引拔钩织。
④ 按照箭头方向引拔钩织。

靠垫的编织图

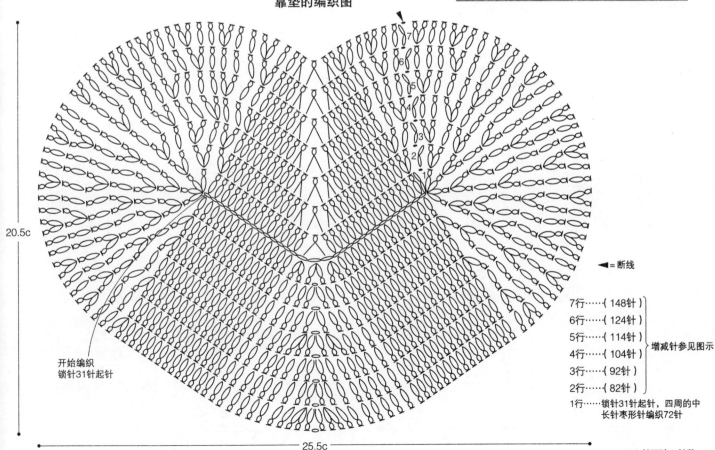

20.5c

25.5c

开始编织
锁针31针起针

◀ =断线

7行……（148针）
6行……（124针）
5行……（114针）
4行……（104针）
3行……（92针）
2行……（82针）
增减针参见图示
1行……锁针31针起针，四周的中长针枣形针编织72针

※立针不计入针数。

50、51

儿童条纹护腿长裤

◎材料

自然色 柔软羊毛线（粗线系列）

50 尺寸80：深蓝色（13）75g，本白色（2）5g

51 尺寸90：鲑鱼色（5）90g，本白色（2）5g

◎工具

4号棒针2根

◎附属物品

宽1.5cm的松紧带

50 尺寸80：45cm

51 尺寸90：48cm

◎成品尺寸

50 尺寸80：长41cm，腰围45cm

51 尺寸90：长45cm，腰围48.5cm

◎标准织片（边长10cm的正方形）

上下针编织：23.5针，32行

双罗纹编织：28.5针，32行

◎编织要点

用1根线进行编织。

★裤子要左右对称编织2片。用普通起针方法起针，裤腿处采用双罗纹编织水平条纹。臀部按照图示进行增减针。前后往返编织，伏针收针。

★腰带部位、前侧裆部挑针接缝，前后部挑针进行上下针编织，最后伏针收针。

★下裆处前后挑针接缝，腰带部位对折然后接缝。

★穿上松紧带，松紧带入口处挑针接缝。

上行＝尺寸80
下行＝尺寸90
只介绍一种的即为两种尺寸通用

腰带 上下针编织

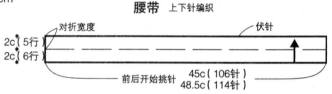

右半部分
※左右对称编织

完成图

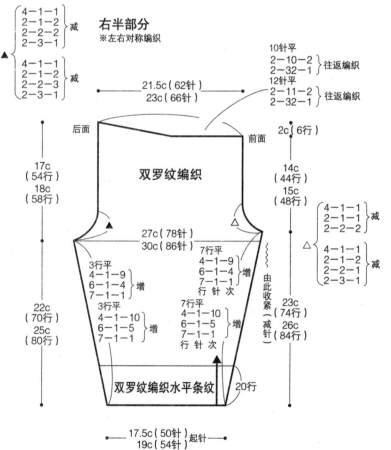

配色

	50	51
A色	深蓝色	鲑鱼色
B色	本白色	本白色

※水平条纹之外的部分用A色编织。

尺寸90 **长裤右半部分编织图**

★往返编织的方法
参见P44。

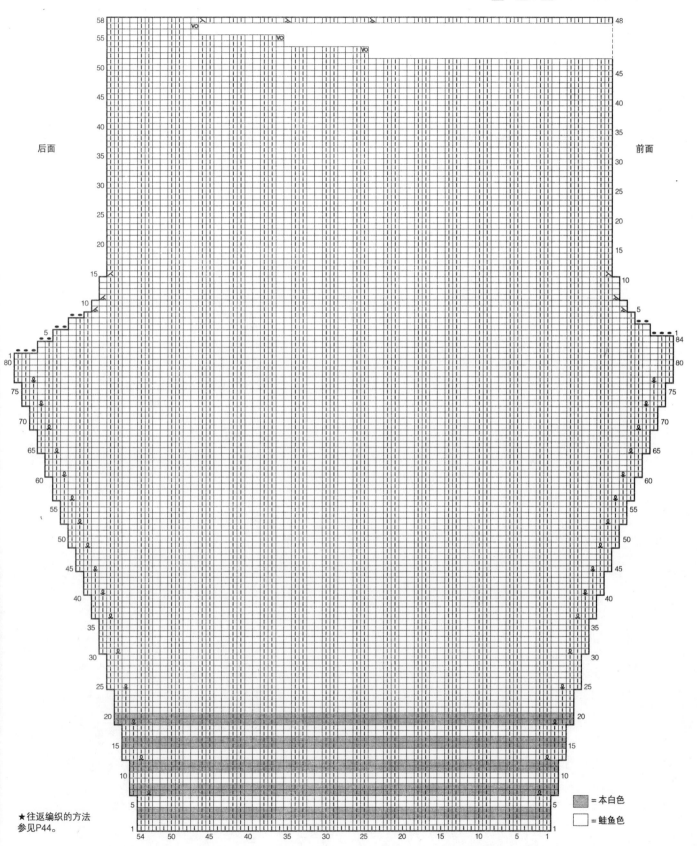

尺寸80　长裤左半部分编织图

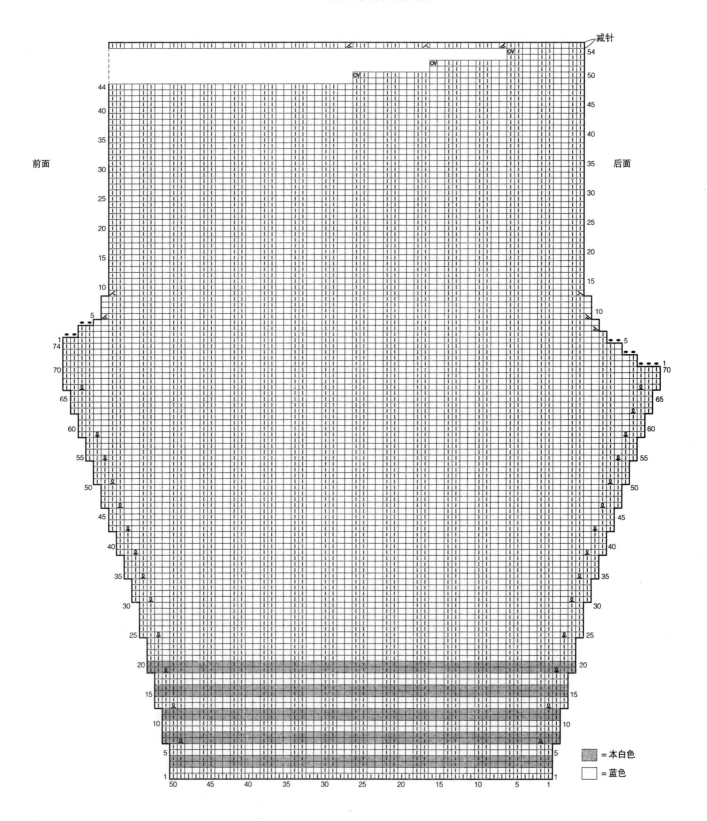

前面　　　　　　　　　　　　　　　　　　　　　后面

= 本白色

= 蓝色

棒针编织 ● 普通起针方式

① 此端套到食指上（从线团中抽出的毛线）　此端套到大拇指上（毛线头的一端）

抽出线头，长度为编织长度的2~3倍，在此处开始打环，从环内穿过一根毛线，然后穿入2根棒针。这就是第1针。

② 左手的食指和大拇指持线，用其余3根手指握住毛线。第1针用右手的食指按住。

③ 在大拇指外侧的毛线中按照图示箭头的方向插入棒针。

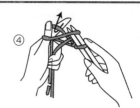

④ 在食指挑开的毛线中按照图示箭头的方向插入棒针。

⑤ 将食指上套着的毛线拉到最上面，从大拇指套着的环里穿过。

⑥ 将大拇指上的毛线退下。

⑦ 大拇指从内向外挑住毛线，勒紧。重复步骤③-⑦。

⑧ 数好针数，然后抽掉1根棒针。

● 用另线起针

① 锁针里山　锁针开始部位　针插入方向

用另一根毛线编织较松的锁针，比所需针数多5针。

② 在锁针的背面插入棒针，编织第1行。

③ 编织所需针数。

● 拆开另线起针再挑针的方法

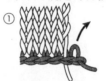

①

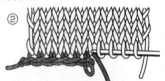

②

挑针的时候，一边解开另线锁针的起针，一边将针移至棒针上。

用棒针把每一个针目串起来。

● 双罗纹编织收针

留出编织长度的3.5~4倍的线，穿到缝合针上。

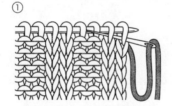 ①

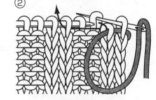 ②

 ③

 ④

 ⑤

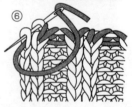 ⑥

● 挑针接缝

 ①

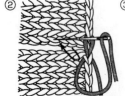 ②

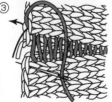 ③

● 盖针订缝

 ①

将2片编织好的织片对齐，把棒针插入最上面的针目里，把对侧的针目挑过来，然后退下最上面这一针，右边棒针仅留下对侧的针目。所有的针都需要完成这一步。

 ②　盖上　2　1

把所有的针目都退到左边棒针上。末端需编织2针，把第1针盖到第2针上。

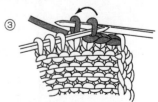 ③

接下来就一针一针地编织，一针一针盖上去。

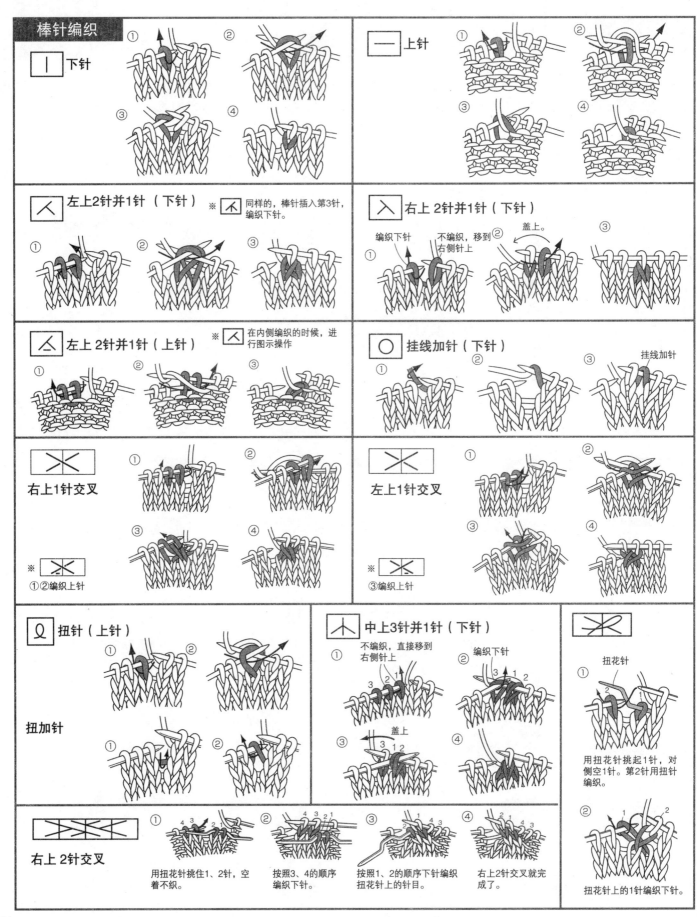

│ 下针

── 上针

⋀ 左上2针并1针（下针） ※ **⋀** 同样的，棒针插入第3针，编织下针。

⋏ 右上2针并1针（下针）

编织下针　不编织，移到右侧针上②　盖上。

⋏ 左上2针并1针（上针） ※ **⋏** 在内侧编织的时候，进行图示操作

○ 挂线加针（下针）

挂线加针

⤬ 右上1针交叉

※ **⤬** ①②编织上针

⤬ 左上1针交叉

※ **⤬** ③编织上针

Ω 扭针（上针）

扭加针

⋀ 中上3针并1针（下针）

不编织，直接移到右侧针上

编织下针

盖上

⤬

扭花针

用扭花针挑起1针，对侧空1针。第2针用扭针编织。

扭花针上的1针编织下针。

⤬ 右上2针交叉

① 用扭花针挑住1、2针，空着不织。

② 按照3、4的顺序编织下针。

③ 按照1、2的顺序下针编织扭花针上的针目。

④ 右上2针交叉就完成了。

钩针编织

⬭ 锁针起针

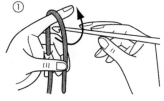

① 把针置于绳子对侧，按照图示箭头转动钩针。

② 用左手捏住缠绕的绳子末端，钩住毛线拔出。

③ 钩住毛线拔出。

④ 重复。

③ 再次挂线拔出，完成1针锁针。

④ 将钩针插入线圈中，如图所示织1针短针。

钩1针锁针当立针

⑤ 锁针第1针和短针编织第1针完成。

⑥ 编织好所需的针数，拉紧可活动的毛线一端形成圆环。

环形起针

① 把毛线在手指上缠绕2圈。

② 把钩针置于圈内，挂线并拔出。

⑦ 拉紧线头，使环形再次收紧。

⑧ 按照图示的箭头，把钩针插入短针编织的第1针里，进行引拔针编织。

⬭ 锁针

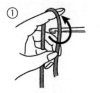 

⑥

※最开始的1针不计入针数内

⬤ 引拔针

① 按照图示箭头插入钩针。

② 引拔钩织1次。

✕ 短针

① 钩1针锁针当立针

② 按照图示箭头插入钩针。

③ ④

短针2针并1针

※"未完成"指的是，只差一次引拔针就可以完成的状态。

① 将前一行的2针未完成的短针一起编织。

② 钩针挂线，将3个线圈1次引拔钩织。

③

✕ 短针的棱针（短针的情况）

※一般的短针都是挑起上一行的2根线进行（除了短针之外，其他也同样）。

① 把钩针插入上一行外侧半针处。

② 进行短针编织。

干 长针

①

把毛线挂到钩针上，按照图示箭头插入针。

② 针上挂线，抽出线圈。

③ 按照图示箭头，针上挂线后引拔穿过2个线圈。

④ 再次针上挂线，按照图示箭头抽出。

钩3针锁针当立针

基础针

⑤ 长针编织完成。

长针2针的枣形针

①

②

在上一行的同一个针目中织2针未完成的长针。

③

④

1次引拔穿过3个线圈。

长针的正拉针

①

按照图示箭头方向插入钩针，挂线抽出。

②

进行长针钩织。

③

长针的反拉针

①

按照图示箭头方向插入钩针，挂线抽出。

②

进行长针钩织。

③

长针1针分2针

①

编织1针长针。

②

在同一针目里再织1针长针。

③

长针1针分3针

①

编织1针长针。

②

在同一针目里再次编织2针长针。

③

● **锁针和引拔针订缝**

①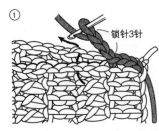

锁针3针

②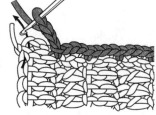

● **卷针接缝**

反面

正面

将织片反面相对合拢，用缝合针在2片织片的半针锁针中逐针插入接缝。

● **引拔针订缝**

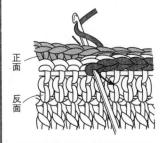

正面

反面

织片正面相对合拢，钩针穿过2个针目，如图所示引拔钩出。

● **渡线**

渡线

←B

→A

①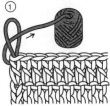

② 把针插入B行编织起点的针目里，挂线抽出。

③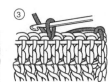

④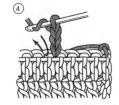

把针插入B行的下一个针目里，挂线抽出。

⑤

毛线不要太松也不要绷太紧